建·筑思想录②

景观探源

［美］约翰·罗伯特·斯蒂尔戈（John R. Stilgoe） 著

赖文波 罗 丹 译

上海科学技术出版社

图书在版编目(CIP)数据

景观探源/(美)约翰·罗伯特·斯蒂尔戈(John R. Stilgoe)著;
赖文波,罗丹译. —上海:上海科学技术出版社,2017.6
(建·筑思想录)
ISBN 978-7-5478-3423-7
Ⅰ. ①景… Ⅱ. ①约… ②赖… ③罗… Ⅲ. ①景观设计
Ⅳ. ①TU983
中国版本图书馆CIP数据核字(2017)第071631号

建·筑思想录
景观探源
[美]约翰·罗伯特·斯蒂尔戈(John R. Stilgoe) 著
赖文波 罗 丹 译
叶思佳 顾天纬 文字整理

上海世纪出版股份有限公司
上 海 科 学 技 术 出 版 社 出版
(上海钦州南路71号 邮政编码200235)
上海世纪出版股份有限公司发行中心发行
200001 上海福建中路193号 www.ewen.co
上海中华商务联合印刷有限公司印刷
开本889×1194 1/32 印张5.625 字数:150千字
2017年6月第1版 2017年6月第1次印刷
ISBN 978-7-5478-3423-7/TU·245
定价:36.00元

本书如有缺页、错装或坏损等严重质量问题,请向承印厂联系调换

1900年的这张照片描绘了典型的荷兰弗里西亚景观：一条小路顺着堤坝延伸开来，转角处是一座控制水位的挡潮闸；道路尽端的风车不停转动，将路旁刚刚开垦的牧场里的水排干；远处是一座农庄，这一切都呈现在澄澈蔚蓝的天空下。

前言

“landscape”是一个名词，这个词语最早的意思是人们过去和现在为了永恒的目标而塑造的地表。海洋、极地冰雪、冰川，甚至今天部分的草原、沙漠和热带雨林这些人类无法触及，或者至少是无人居住以及人迹罕至的地方，是我们所认为的荒野。从飞机上扔下的饮料瓶会破坏极地冰川和海洋，甚至改变地表，但是瓶子掉落的地方无法成为景观，因为这并非出于永恒的目的。作为形容词，“landscape（风景画派）”表示一种绘画流派以及其他关注陆地表面的具象派艺术，然而时代的发展将绘画和那些静止的生命转变成了一张张景观摄影照片。现在，这个词被广泛应用在除了海洋（“seascape”专门用于海洋）以外的广阔自然中，艺术史学家和业余摄影爱好者都有各自的理解，谁也说不清这个词跟哪边更贴近。作为形容词，“landscape（园林）”还可以表示某种建筑物，当人们不再追求遮蔽风雨和满足于温饱，转而追求诗意美好的环境时，景观建筑和景观园艺在大地上发现了自身的精髓与魅力。作为一个动词，“landscape（美化、绿化）”表示在覆土厚度适中、较为平整的原生地面上种植植物（主要种植草坪植被，但也包括浓密的针叶灌木和阔叶乔木）。这本书以抽丝剥茧的方式来理解“landscape”这个名词，通过简明扼要的分析帮助我们拿捏留在土地上的筋骨。

本书还提到了其他大量词语，大多是古老的词汇，这些词第一眼看上去很简单，但是细细品味起来却无比微妙和丰富。准确地说出“landscape”的核心内容是什么，乍一想很难，但也不是没有可能。英语中的“meadow”是指人工开垦的空地，但与“pasture”表述的含义是有区别的。其中一个能够出产过冬所需的草料，另一个为夏季放牧提供场所，但两者跟风景画师和景观设计师最钟爱的“glade（林间草地）”又不尽相同。这两个词大量出现在学前图画书中，用来描绘农场，因为19世纪时农场和牧场是混在一起的。比如儿歌中就有“明媚的阳光洒在Old MacDonald的农场上”这样的使用。刚刚学会走路的孩子们能够分辨牛和羊的声音，但不清楚“meadow”和“pasture”的区别，更别说那些平坦或起伏的草坪是如何命名的。如果仅仅在事物的名称上咬文嚼字的话，那些喜欢琢磨景观构成要素的探索者多半会被词汇问题难倒。读者在弄不清楚小说或者旅行日志中的“oriel window（飘窗）”是什么时，可以去查阅对应的词典，特别是建筑图解词典。然而，尽管我们平时走在路上很容易注意到那些精心制作之后再整体安装的飘窗，但却发现想要深入研究它的结构是很困难的。因为探究视觉焦点意味着不仅需要观察，更需要用文字去描绘细节，在此过程中常常会感到身心疲乏或者不知所措。今天的词典编纂者根本无法分辨“ditch”和“trench”（两者都表示沟渠），更别说去注意“trench coat（风衣）”上独特的细微差别。对此，读者首先会颇感失望，但是失望过后却能促使一部分人痛下决心去一探究竟。大多数探索者，即便是其中最漫不经心的，也会选择远离商场、咖啡店和电子设备来获取宝贵的独处时间，这些善于探索的人能够识别景观的关键要素，并且开始对可察觉的细微差别感兴趣。他们会从众多优秀的词典里查阅相关的概念，特别是老词典。

人们在路上迷失方向，甚至有时候故意将电子定位设备关掉，是为了训练自己敏锐的洞察力，无论他们刚开始多么慌张，最后都会找回自信。用自己创造的方法去探索往往能有不同以往的发现，可能是一条完全不同的路径，一种非常奏效或是很难掌握的诀窍，一件出于好心但却不尽如人意的事情，无论如何这些都是有益的。如果我们仅仅是讲述和复述一场短暂的冒险，无论内容是关于主动的探索、片刻的迷失、心无旁骛的观察，还是仅仅漫无目的的游走，最终都会遇到有关词语的问题。几乎所有人都买得起二手词典，甚至是一本有年头的老词典（老词典往往具有更深刻的见解），因此人人都有机会去探索那些最基本的景观术语的起源，去发现词根的巨大价值和隐含在词语中的阶段意义。这些词语看上去如此简单和容易拼写，都是英语交流和阅读时最基本的单词，而正是因为毫不起眼，这些构成概念的基石常被我们掩埋和遗忘在脑海中。原版未删减的老词典使用起来并不方便，所以人们常常热切地希望能够得到一本新的词典，尤其是最新的二十卷版《牛津英语词典》（*Oxford English Dictionary*）。作为本书的主要参考书目之一，它的内容丰富到可以将不同的内容并排罗列后进行相互比较分析。但是老词典有它们自身独到的用处，提问者可以在当中查阅到定义，甚至是关键词，而这些几乎在所有当代词典中都无法看到。往往由于一些不经意的发现，人们需要仔细翻阅词源词典、方言词典和其他专业词典，认真地倾听那些熟悉景观要素的人们，那些能够区分“gut”和“gat”，以及“gutter”和“guzzle”的人们的话语。

英国的词典通常比较关注词语的历史，即使在今天也更多地考虑受教育人群和上层阶级的需求，这些人往往是学院派读者。*Chambers Dictionary* 至今仍然体现苏格兰人的阶级态度，与之相对的是英格兰地区的《牛津英语词典》，显然这两本词典都不适合普通蓝领。美国词典则一直强调词语的主流用法，它们淡化阶级划分，并且鼓励阶级流动（当然是向上层流动），试图引导更多的移民来学习英语。美国的词典编纂者以前在口语发音上更加开放，但是自从20世纪60年代电视崛起以后，新闻播音员和节目主持人摒弃了地方口音、非洲口音（包括来自巴哈马的）和乡村口音，这对韦氏词典（经常可以很便宜地在跳蚤市场和二手书店淘到）产生了很大的影响，同时使得发布于1914年的二十卷版 *Century Dictionary* 也被人遗忘了，虽然它曾经盛行一时。在沙滩上或者渔民商贩的家中，甚至在搁浅的小船上，细心的询问者可能会听说一个和“swatch”发音相同但在英美词典中有着不一样拼写的单词——swash，它是一个不太好理解的词，但是如果让当地的渔民描述回落潮水穿过沙洲的情景，他们常常会告诉你这个词语。而且一旦听说，你会发现它其实可以用在很多场合，因此，它也被收录在很多不同版本的词典当中。

有两把钥匙可以帮助我们解锁景观的本质。其中一把是观察四周，不停行走、观察和思考，将理论联系到实际，特别是表象很简单的事物；另一把是自我认可、自我提升和自我愉悦，探索景观不需要很高的花费，却是对身体和头脑很好的锻炼，并且能带来成就感和时常令人意外的发现。瑞典人常说的一个词叫“ensamhet”，它并不是指孤独，而是独自沉思后给身体带来的恢复和放松。抛开那些看似通用的语汇，通过提问来交流，特别是跟土生土长的当地人交流能够获取大量方言、古语，找到探索景观的光明之门。如果你尝试指着某些景观元素并且有礼貌真诚地问道“那是什么?”通常会得到热情的回应。“嗯，这不是一片真正的泥沼，真的不是！这是一个海湾，你也许可以划独木舟从它的尽端穿越过去，至少有几个孩子几年前就这么干过。”在这个习惯使用各种古老词语表达空间和结构的国家，那些从荷兰语、法语和西班牙语演化而来的术语佶屈聱牙、难以理解，直到在科罗拉多西南部有一个人指着低矮的灌木丛不停提问，然后等待这些树丛给出答案。所以，在问询时使用非常规的景观用语一定会让交流充满魅力。但是首先要做的是开阔眼界、提升感悟，然后用心去提问和聆听，甚至反复询问，接下来再迈开脚步，在实践中理解和体会这些词语的意义。

那么这本小书记录的就是那些与景观本质息息相关的词语。不过它既不是词典，也不是实践指南，仅仅是一份邀请你去行走、观察、提问，偶尔环顾四周，偶尔翻阅词典的请柬。这本书应该摆放在家里，通常情况下出门时口袋里只需要揣着能量棒、苹果、巧克力和迷你笔记本。但是当景观以它最本质的形式绽放的时候，我们需要的就不仅仅是口袋里的那些东西了。

目录

沙漠的边缘地带毫无规律可言:沙丘在这里形成和移动,有时来回游荡,偶尔在狂风骤雨中被腐蚀一空。在这里,除了少数临时的构筑物之外,所有的一切都是由风沙制造的,这一切都在警醒我们自然界的智慧和力量。

——John R. Stilgoe

景观是什么

景观好比大海，它的本质犹如在盛夏时涉入水中——在海上，碎浪、激潮、暗流、巨浪、天穹从未平静过，它们嘲笑着人类的无能。在岸边，当冲击沙丘、打磨碎石的风暴停止，沙滩便会在阳光下闪着光芒。如同文字与纸张边缘有一道留白划出段落边界，每一处沙滩都是自然和人类秩序争夺的鸿沟。背对大海，涉水人看见了沙子和海滩，也看见了只有飓风和潮水才能触及的茅屋、小路和旅馆。在烟雾缭绕的沧海中存在着一处总是被人忽略的不规则边界，在那里，受控制的空间与结构、永久性构造物（假设有人在维护这些构造物）与常见的功能性建筑总是被人们一瞥而过。在这条边界上存在着一处名叫景观的空间。

孩子们用水桶将湿沙倒扣在地面做成城堡，并围着它建造护城河、堤坝、公路和围墙，但是只有最小的孩子才会以为这样的沙堡是牢固的。这些沙堡终究会被涌起的潮水吞噬。有时候孩子们在沙堡周围的公路和路基上开洞，引导潮水从中通过；有时他们疯狂地将小铲子铲向它们；有时他们傻乐着抛洒沙子。当孩子们拿着塑料铲子和小水桶走在阳光明媚的海滩上时，他们通过实践了解了景观的目的与精髓。

“landscape”一词源自古弗里西亚语（old Frisian），原指位于现代荷兰港和德国大西洋港的一个古港口。在有着独特兴趣的团体和个人中，这一词汇曾经被讹用为被开垦过的土地，朝大海堆起的土地。“schop”一词仍在现代荷兰语中使用，意为铲子[1]。16世纪，当水手们将“landschop”一词介绍给英国沿海居民时，这些英国人曾经把它误解或误读为“landskep”，但在一段时间内保留了原意。

当然，水桶和铲子教给我们更多。带锯齿边的水桶能被用来做出圆锤形、带壁垒的城堡，它是秩序、财产、责任和维护最古老的符号之一。如今，在沙堡顶上往往还有飞舞旋转着的彩色风车。桶柄向我们演示着古代修路的法则：不管你将它平放在桶沿上还是将它立起来，它的长度都是相同的；但绕着盘山路翻越山冈永远不会像直接穿过山顶的道路那样让人和牲畜劳累。“rim（边框）”也是一个古老的词语，它源自古挪威语“rimi”和古英语“rima”，指一条被抬起的土地。这种条状地不只在潮湿的区域中有更好的渗透性，同时也起到了堤、坝的作用，阻止水流入或流出。把手和边框都是弧形的，它们表现了弧线的力量。从古挪威语中的“beygla（箍）”，衍生出了英语中指马蹄形的可以支撑或者嵌套任何物体的词语（甚至可以作为挤奶时扣住奶牛头部的闸架）。这个词语同时也是桶的近义词[2]。在中世纪的英国，“bail（桶、柄或保释）”和“pail（桶）”两词几乎是通用的，正式使用时更多是指有序的控制。这也是为什么官员们先前要维持城堡内的规矩，并且至今都让法庭保持秩序井然的原因。因此“bail out”除了可以表示水手将海水舀出船舱，也可以指律师将犯人保释出来。但是“pail”，一个由古英语和古法语将“measures”和“pans”二词混淆所产生的词，原本单指桶这一工具。“bucket”指能通过卷扬器和绞车从井里和海里提水的大桶。在英语国家，尤其是美

[1] West Frisian terms and etymologies are from Doornkaat Koolman, *Wörterbuch der ostfriesischen Sprache*. See especially the entry for “schâp,” noting especially the variant pronunciation “schup.” Dutch terms are defined according to the *Groot woordenboek der Nederlandse taal*. See also De Vries and De Tollenaere, *Etymologisch woordenboek*. Pronunciations and sometimes meanings may differ in North Frisian, something made more or less clear in all these works.

[2] Except where otherwise noted, *Oxford English Dictionary* entries shape all definitions and etymologies of English words cited here. But see also Halliwell, *Dictionary of Archaic and Provincial Words*.

国，虽然这两个词语能通用，但在海边，人们往往使用“pail”或“sand pail”指代桶，这并不是因为他们所处的地区习惯用“pail”，更多是因为他们使用时所处的环境。对孩子们来说，“bucket”太重了，他们更倾向于使用“pail”。

在现代英语中，“shovel（铲子）”与“scoop（勺）”和“shove（堆，挤）”同源，这一现象在语源上是很奇怪的，但是沙滩玩具厂商依然将“scoop”“shovel”和“pail”组合起来出售，但却没有“skip（有平整厚边的勺子）”[1]。英式英语中“skip”一词指挖掘、堆放的成果，美式英语中的同义词为“piles”，同样指从桶里或手推车里倒出沙子或土壤形成的小丘，这种沙丘英式英语中称之为“tip”，而美式英语中称之为“pile”。“paile”和“bucket”间的区别与“skip”“piles”和“tips”间的区别一样，只在知识分子的交流和写作中略有不同，但是为了方便文盲和穷人，词典编纂者一般会忽略这些词语间的细微差别，他们甚至忽略了以船员为代表的那些常年漂泊不定的穷人们对于这个词的用法和读音[2]。

16世纪，“landschop”一词的发音在英国沿岸未受教育人群中慢慢变了。从最早的“landschop”变成“landskap”或“landskep”，之后又讹传为“landskip”，最后变成了“landscape”。如果词典编纂者将注意力集中在“landschop”一词在大西洋地区的发音，他们会发现中世纪文化的相似点[3]，其中涉及中世纪沿海地区复杂农业改良和弗里西亚人向英国低洼港口的移民[4]。令人惊奇的是，西弗里西亚语包含众多古代术语，这些词汇对于农民和其他土地工作者来说是熟悉的。虽然有部分英国农民也知道这些词汇，但对于在弗里西亚生活的

[1] Jones, *Steady Trade*, 176.

[2] As demonstrated by Wright, *Sources of London English*. For centuries after the Norman Conquest, terms used along estuaries and in other alongshore places, including those brought from across the North Sea, perplexed educated Englishmen, especially clerks writing in Latin.

[3] Liszka and Walker, *The North Sea World in the Middle Ages* introduces the richness of cultural contact and linguistic transfer.

[4] Thoen and Van Molle, *Rural History in the North Sea Area* makes clear the scale and complexity of medieval agricultural innovation and cross-sea transfer of expertise.

荷兰人甚至弗里西亚语专业人士来说却是陌生的[1]。大约在1600年，英国作家开始用“landskip”或“landskep”指代从水面望向陆地视角下的画作。在几十年中这一词语并不表示赏心悦目的风景：最开始它指的是画有海港周边等高线地形的立面图；在19世纪晚期德国地理学家将它和它的法语同义词用来指代一个称为“landschaft”的抽象概念（主要为政治概念）。但是孩子们在潮湿的沙子上制造出来的东西才是西弗里西亚人心中围海造地的精髓，他们曾用精确词语描述这一过程。

命名法是十分重要的，尤其在沙滩上。现代荷兰语中“landschap”一词被翻译为“landscape”，即英文中“landscape”一词。这个词汇很可能是由“landschop”衍生而来的。在沙滩面海的边缘，“landschop”缓缓倾斜，汇成一条边，浸入水中，好像孩子们挖出的最浅的浅滩[2]。词典编纂者无法解释为什么古英语中“F”和“P”在拼写时貌似能任意互用，但他们知道在16世纪中期“shelf”指的是海河中让水变得更浅、更湍急、更危险，让船难以航行的沙洲：正如Milton在1634年所说“黄沙呈阶梯状（shelf）”暴露在低潮时[3]。“shelp”一词在1430年前就与之同意，但是不知道为什么，它也指牡蛎和其他贝类的养殖地。有些作家用“scalp（胜利品）”和“skap”代替“shelp”，这表现发音的不同揭示了词语语源的不同。“shelve（倾斜）”一词仍存在于英国方言中，指从推车中倒出东西，这一动作和人们把牡蛎壳扔入水中以保护鱼苗十分相似[4]。

“shelve”可以作为标准的英语动词，这一点让词典编纂者对其语源感到颇为困惑。他们怀疑此词来源于西弗里西亚的一个形容词“skelf”，意为倾斜的。虽然暗礁是航行时潜在的障碍，但是暗礁也是

[1] In the 1970s Ype Poortinga discovered not only a wealth of folk tales among elderly West Frisians living in old-age homes but a wealth of words unknown to white-collar people who had never heard of the folktales that Steven de Bruin collected in the 1930s or those the aged women remembered forty years later. See, for example, Poortinga's *It fleanend skip* and *De ring fan it ljocht*. See also Mak, *Island in Time*, 224-240.

[2] See, for example, Howell, *Lexicon Tetraglotton* (1660), under "bank" (which gives "shelf").

[3] Milton, "Comus," in *Poetical Works*, 32.

[4] Jones, *Working Thin Waters*, 61, deals with shelving land and shell tipping.

渔民们唯一真正拥有的水下重要地产。牡蛎、贻贝等贝类动物（贝类动物可以起到清理暗礁的作用）都是生活在暗礁上的。这些暗礁由拥有地权或使用权的渔民制造和维护[1]。在荷兰语中，“shelf”被翻译成“schap”。

在法律上，特别是在将“house（房子）”定义为“castle（城堡）”的英国普通法中，“real estate（地产）”的古老用法，甚至是这个术语本身，仍然保持不变，它们被记录在契约及其他存放在城堡和普通的县城法院的文件中[2]。“embankment”和“warping”这两个与海岸有关的词语仍然有着深远并且微妙的意义，虽然词语意义有所不同，但它们出现在古老的契约中时，还是会让粗心的律师误用，让阅读的人感到困惑。百科全书曾经用大量篇幅来定义这两个词。共四十一卷的Rees所著*Cyclopaedia: or, Universal Dictionary*一书被称为18世纪晚期与苏格兰大英百科全书（*Britannica*）相媲美的著作，并在19世纪初进行了美国版的修订，又叫作通用词典。仅仅为了定义“warping（翘曲）”这个词语，此书就用了六页的篇幅来讨论“embanking”关于筑堤阻挡大海或河流的意思。Rees认为这是一项复杂的工作；使土地翘曲（wraping）意味着筑堤并排出用于农业的沼泽、盐沼以及平地中的水，即通过使堤防弯曲并向海延伸，使这些水最终流入大海，露出底部，造出新的土地。这一切的活动通常由荷兰专家在英格兰完成[3]。今天，“warp”通常指由于天气潮湿，木材上的线条发生了弯曲，曾经它也指在围海造地产生的低田上（荷兰人也叫它圩区），间歇性洪水带来的被视为肥料的薄泥层；“warp”也指用于将船固定在桩和锚上的粗绳子：在无风的日子里，海员们的帆船摇晃着驶离海边，用绞绳把船只的桩或锚固定到一起。工程师和农民熟练地将土地

[1] Jones, *Short Voyages*, 116-118, uses the term “shelf” explicitly in connection with the oyster fishery.

[2] As Schäfer shows in *Early Modern English Lexicography*, the *OED* misses many terms (and incorrectly or incompletely defines others) due to its traditional reliance on literary texts, something Wright, *Sources of London English* corroborates: see esp. 2-5.

[3] Rees, *Cyclopaedia* offers far more detailed articles on landscape and engineering matters (with sumptuous illustrations) than do contemporaneous editions of the *Britannica*, but it is not paginated.

推平同时保证它有一个微小的坡度（skelf），好让由风车带动的泵持续不断地将水压入沟渠。人们在肥沃的土地上填海造地，专注于堤坝、排水沟和水闸的布置，也常常担忧风暴的侵蚀和穴居动物，尤其是老鼠和鼹鼠的破坏[1]。词汇和语言对于任何一个能够看到景观的人都是很重要的，尤其是当干旱的土地上迎来涨潮的时候。

头脑活络的人们常常突发奇想地误用词汇，尤其是歪曲“landscape”这个词。“cityscape”“townscape”“streetscape”“brainscape”“hairscape”“cloudscape”“airscape”“hardscape”“bedscape”和其他临时拼凑的词不断涌现，就是因为“landscape”现在确实是一个很混杂的词。它的衍生词误导了思考者，甚至在远离陆地的海洋上也存在这种误用。然而在艺术史界，“seacape”是一个比“landscape”更古老的概念和图像类型，甚至很小的孩子们都知道海洋和土地哪个更久远。他们看着自己的水桶和铲子，把目光从城堡和路堤、墙和大门投向海面，因为他们本能地知道大海年代久远而陆地相对年轻。大海往往多变、喜怒无常、状态不定，它的承受力远远超越了铲子及其所塑造的一切。从海滩和沙丘上建成的内陆建筑呈现出一种稳定的状态，使那些轻率的人们陶醉其中并感到十分安心。景观很适合营销，通过捏造华丽辞藻表达创造和塑造的意思，比如道德景观、金融景观等宣传口号，但这样的语句往往经不起时间的检验。

词语的复杂性往往阻碍了其表达自身结构的意图，也给孩子们在阅读中理解古老词汇增加了难度，特别是一些简单的词语。

他们通常在成年人修建沙堡时学到了“moat（护城河）”这一复杂词汇。词典编纂者怀疑它起源于古法语或凯尔特语（Celtic）的同义词：山（hill）、河岸（bank）或是堤防（dike）。成年人将它理解为一种被挖掘后灌满了水的结构，而不仅仅是凸起的边缘。海滩上，在阳光下玩耍的孩子们学习了如何堆叠地形来对抗海水，这在他们心中留下了城堡、护城河和堤防的印象，甚至明白了一些古老的词语，包

[1] Rees, *Cyclopaedia* offers far more detailed articles on landscape and engineering matters (with sumptuous illustrations) than do contemporaneous editions of the *Britannica*, but it is not paginated, under “Canal.”

括“moat”。

在陆地文化中，人们从来没有学会如何驾船停靠海滩，也不知道水手们如何描述海面的状况，更没有认识到身处海洋之中根本无法判断海浪的高度[1]。他们不知道如何估算地平线的距离，忽略了地平线的弯曲以及海市蜃楼等自然现象所形成的穹面，因此他们总认为地球是平的。他们可能学会了在船上享受乐趣，但几乎没人与海洋语言有着亲密的关系。

在港口附近，海员仍习惯将靠近岸边称为“making land”，他们在极易搁浅的沙洲中穿行，遭遇其他变化多端的危险。在那里，16世纪北海水手把“landschop”这个词理解为新的土地填平后形成的浅滩。“landschop”或“landschap”是作为altumal出现在英语中的（这个词源自拉丁文“altum”，意思是深的或者直接指海洋；“altumal”则意为商船水手和浅水区商人的行话，是一种海洋上的商业语言，这种语言不断影响和丰富着沿海地区的方言[2]，但它仍然很少被收录在辞书中，因为它很少用于写作，并且在内陆地区它的用法和发音仍然是未知的。例如“tackle”这个词，指块、绳索以及被未出过海的人称作滑轮或渔具的缆绳，但老海员们仍然把它读作“tay-kel”，这是一个被少数词典收录的带有“海味”的词汇[3]）。在地势较低的北海岸，特别是在弗里西亚群岛的浅滩和海湾周围，任何“landschop”可能成为航行的风险：大风将沙洲吹动且毫无规律；对未出过海的人来说，把土地翘曲（wraping）后可能使船舶和小艇失事，就算没有直接失事，也可能使其由于沙洲转移造成水流变化而遇险。水手们都知道“landschop”对于航行是很重要的，尤其是在暴风雨来临时，每一个都应该作为航行的地标和远离危险的警示。

无论是当时还是现在，停靠低洼的沙地都需要极高的技巧。导航图通常只能为在深海航行的船长提供预定的路线，他们希望能拥有一

[1] Estimating surf height from seaward proves as hard today as ever; see United States Navy, *American Practical Navigator*, 662.

[2] King, *Sea of Words*, 75.

[3] On the pronunciation of “tackle” in American English, see especially *Webster's New International Dictionary*.

艘了解当地情况的领航船带离港口。大多数地方性的领航图可以粗略地描绘浅滩和海峡，因为沿着沙质海岸，滩涂和渠道每年都会频繁地改变，大多数图表很快就会过时。即使当地渔民在推算的沙洲位置也还是存在风险。

海岸是没有悬崖和山体的，事实上几乎没有任何垂直的元素，因而特别容易让人迷失方位，尤其是在雨、雾和黑暗中更使人混淆不清。大约在15世纪，少数地图绘制者和一些记录自己方位或航海路线的船长开始往图上增加竖向的海岸草图[1]。

“rutter”源于法语单词“routier”，意思是道路指南。它最早起源于古法语中的“rote”，后来又演变成“route”，但其本身植根于生搬硬套的古法语，在发音上混合了弗里西亚语、荷兰语以及英语。从法国传出后，“routier”变成了“rut”，它指由车轮碾出或犁头凿出的沟槽，这一中规中矩的用法至今还意味着一种确定的做法或者是一种安全的进行方式。在英国、美国和加拿大的沿海农村地区，敏感的人还可以听到渔民说起“rutter”这个单词，但是它们发音与“rudder（舵）”相同，后者是船只上通过转动控制航向的垂直平面[2]。想要停靠在一个低洼的海岸，即便对于熟识大海的小型船渔民而言，也意味着他们需要彻底地了解大海时而温柔、时而咆哮的波涛。在把“rutter”念成“rudder”的地方，“rote（拍岸涛声）”的发音也跟着变化为“rut”。在16世纪，虽然导航图不能取代领航船，但能定期辅助船长将船停靠在地势低洼且多沙的海湾。在堤防后面的土地通常低于海平面，因此需要持续用泵将水排入沟渠中，有时这些沟渠的水量足够成为小型船的通道。

借助海风吹动扇叶，风车便可以不断地抽取海水。这些机械为了将盐水留在海湾之中而永不停止地向外排水，这是西班牙权力统治下不安分的荷兰人从海上争夺而来的土地上的标记（荷兰在16世纪是西

[1] Waters, *The Rutters of the Sea*, ii-xiv, 1-56, and passim. See also Howse and Thrower, *Buccaneer's Atlas*, 8-36 and passim.

[2] “Roader,” a New England and Pacific Northwest term for a horse good for speed over roads, is sometimes pronounced “rudder.” See *Dictionary of American Regional English* under “rudder.”

班牙属地），出海的水手们将它们视为胜利的象征。从16世纪末修建第一座风车开始，水手们就用它来定位坐标，尤其是那些建在海岸巨大沙丘上用来加工粮食的风力磨坊。这些在垂直方向上高耸的建筑物往往成群结队地出现，承担着海上地标的重要作用。因此，风车成为弗里西亚、荷兰以及相邻沿海地区的标志性构筑物，久而久之，也成为一个独立国家——荷兰的象征。

今天，这些伫立在沙滩城堡上的风车诉说着一些被大部分人遗忘的事情。从弗里西亚省和荷兰省开始，直至全境，低洼沙滩上耸立的风车在人们心中取代了城堡成为国家象征，提醒着人们是技术革新推动了土地的快速扩张，细节构思塑造了独特的景观风貌，政治稳定孕育了整个国家的强势崛起。大人们给孩子买风车是因为他们想通过这种方式与海洋发生关联。大人利用风给孩子带来快乐，但更重要的是让聪慧的孩子们了解自然力量能改造包括沙堡在内的所有人造物，有时吹沙成垄，甚至积沙成塔。沙堡和风车的故事告诉我们，政治权力和技术力量在景观创造和维护中都是不可缺少的。

夏日的沙滩上闪烁着景观的本质，它能够引起观察细致、思维敏捷的人进行思考。这或许会让他们想到自然界的作用，比如逐渐暗弱的天光、卷舒自由的云朵以及随风舞动的细沙为何会成为一种麻烦，并且随着风力的不断加大愈发令人厌恶[1]。也许人们会对海滨娱乐和度假建设时代下的沙滩的名不副实感到疑惑，海边每天发生的豪饮作乐和随处可见的卵石海滩使相互交谈的对象能够细致地描述出潮水退去后沙滩上的纹路；又或者善于沉思的人可能会琢磨法律观念层面的问题，在土地法管控的地产类项目和行使航海法的无主权海域的边缘地带，往往一般的冲突会升级成为一种难以控制的混乱；相关领域的专家也许会携带昂贵的设备来到浅滩进行观测，紧紧盯着GPS屏幕直到把浅滩信息从地图转译成图表；更多的人从传统视角思考景观意象与滨海风景的区别，特别是通过解读绘画和摄影作品。Jan van Goyen在17世纪的作品*A Windmill by a River*中描绘了矗立在沙丘之上

[1] On ripples in sand exposed at low tide, see Cornish, *Ocean Waves*.

俯瞰海景的巨大风力磨坊，而 Jacob van Ruisdael 几乎同时期的作品 *Stormy Sea* 则刻画了一艘急速返回内港的渔船快速通过两排平行护港木桩的景象。大多数去博物馆欣赏这两幅17世纪中叶荷兰画作的游客很自然地将前者的画境称为一种“landscape”，但并不认同后者[1]。前者描绘了大片的土地，海洋只占据画面的小部分；后者主要围绕暴风海面，除此之外只有两排防止砂质航道淤积的木桩、一座高耸的航海地标、一艘处于危险中的帆船和站在堤坝顶上准备从沙滩冲向大海的两个人。地理学家、海洋学家、水手和风车爱好者对于绘画的看法可能和艺术史教授及他们的学生不同，专家们为了不断传播自己的观点，有的草率地使用了“landscape”这个字眼，有的则用略带神秘、博取眼球的方式吸引大众。

然而并不是每天的沙滩都像博物馆中的藏品所描绘的阳光明媚的场景一样，大雾会让这一切变得完全不同。雾往往出现在无风的时候，它将游客困在屋内，延误汽车交通，破坏航空计划，使行路人迷失方向（尤其是在夜晚），此时只能利用声响分辨方位。大雾使得一切都发生了改变，而这均出自雾的本质。了解了雾，我们也就了解了海中汹涌的逆流和近岸咆哮的狂风，他们就像一对表兄弟一样亲密。在狂风巨浪的历练中，通过长期观察，人们明白了是海底地形塑造了沙滩、沙丘，其有可能是由内陆演化而来的。在离海岸超过1英里的地方，一些暗礁只有在百年不遇的风暴中才会碎裂，因为平时它们即使在退潮时也完全被海水淹没。这些暗礁在汹涌海潮的拍击下不断显露出来，海浪与其碰撞形成巨大的浪花。巨石在空中碎裂，像一条鱼从波涛中一跃而起，打破翻涌的巨浪，随后在与近海浅水暗礁的碰撞中再次碎裂。在风暴过境后的狼藉中，观察者发现很多房屋竟然都完好无损，而周围的环境却被破坏。鉴于它们处于同样的高度且与普通涨潮点的距离相同，这样的结果很让人不解。而那些仍旧挺立的房子能够幸存的原因是它们处于近海的深岩环抱保护中；这些能够成为古

[1] The first is reproduced in Brown, *Dutch Landscape*, 148; the second in Wiemann et al., *Die Entdeckung der Landschaft*, 174.

董的房子是按照抵御百年一遇的世纪风暴的古老经验来修建的，荒野之中的自然事件揭示了暗礁对于建筑起到的保护作用[1]。风暴在提醒每一位用心的观察者，自然的力量会影响人的建造行为。有时候风暴除了造成灾害以外，也会给人们带来安全的住所、干爽的衣物、温热的咖啡以及一本有关景观的论著（也许就是你手上这本）。

在盛夏的阳光中，孩童和成人都将书本抛之脑后，转而去赞叹那些用沙粒堆起的创造物——沙丘。从沙丘顶上，他们可以看到被海水包围的土地高高地耸起。这些广阔的土地又叫作“uitgestrektheid（被忽略的土地）”。也就是说早年的荷兰，从山顶向下是无法看到谷地的，这意味着过去数年间大地和海洋之间筑起了路堤，礁石也被清理掉，河谷干涸后被填平，河水不停地往外排出，从制高点也就是人工建造的堤坝顶部看，这片土地一览无余。只需一眼眺望，大地便尽收眼底，因为看起来它是如此缺乏特色，仅仅不时被一些竖向元素所隔断而已[2]。

但是，这真的就是我们所要探寻的所谓的景观吗？接下来将提到一段关于景观的介绍，会给那些提问者答案。他们在遇到常见的话题时喜欢直接提问，而不是自己去检索浩瀚的、纷繁复杂的文献。学者、专家和一些言论家通常取巧地、草率地甚至是有些令人反感地去使用“landscape”一词，就像广告商或者某些休闲读物的作家，或者为最后期限所迫而随意遣词造句的记者一样。无论是理论概念，还是广告和营销伎俩，对那些无法获得关于景观第一手资料的人，这些景观的介绍都是最好用的。

常去海边的沙滩爱好者们在坐下享受风景前都会在沙子里挖出一个浅浅的孔洞，这小小的符合人体工程学的举动正是为了使他们坐下

[1] In the Great Blizzard of 1978, the pattern of protection revealed itself on the coast of Scituate, Massachusetts; it did so again in the No Name storm of 1991. See Stilgoe, *Alongshore*, 45-71.

[2] See “landschap” and “polder” in De Vries and De Tollenaere, *Nederlands etymologisch woordenboek*; De Vries and De Tollenaere, *Etymologisch woordenboek*; and *Groot woordenboek der Nederlandse taal*. See also Dugdale, *History of Imbanking and Drayning of Divers Fennes and Marshes*(1662).

的时候后背有所依靠而感到轻松舒服。在离开的时候，赤脚的人们沿着空旷的海滩前行，留下挖好的洞和一串脚印，这时他们会像鲁宾孙·克鲁索（Robinson Crusoe）一样意识到，每个足迹都是暂时的，那个洞就好像是懂你心意的座椅。除此之外，这些洞还有更多要诉说的，它们被那些驻足停留的人们所创造，直到被风浪和潮汐吞没。没有被风吹皱的沙丘，没有随意丢弃的风车，所有人类的痕迹最后只留下萧条和失望。那些提问者注意到这些足迹、洞穴、沙丘和风车了吗？显然没有。

那么，我们应该从观察身边开始。

经过了一天长途旅行的游客们看到夜幕降临，气压表、4WD（四轮驱动）按钮、一直变化的GPS以及被废弃的汽车旅馆，这些都阻碍了真正荒野的回归。

——John R. Stilgoe

Chapter 1

1 创造景观是身体力行的探索

每个人心中的景观都有所不同。景由心生，每个人在观察周边空间、色彩、肌理组合时都会有独特的发现。个子高的人比常人看得更远，眼清目明的人通常对远方景物更为敏锐。这些区别是由人体感官差异造成的。童年经历、教育背景、职业训练以及其他因素同样会影响人们对特定景观的认知与理解。有时候，学者们尝试通过主导意识形态、概念框架及使用软件规避感性因素等手段将景观中的概念合理化以消除人们理解它时的个体差异，但结果却只引来景观的嘲笑。人们也许能共享某些视角，能在某些简单的问题上达成共识，但每个人对景观的感知都是独一无二的。探索好友对景观的理解往往是奇怪且乏味的：语言无法传递感官；探索先贤对景观的理解虽然让人厌倦，但是却常常能让人深省。

观察者们若有心，就能够理解别人心中的景观，但是只有少数人能够跳出主流思维，哪怕仅仅一瞬。

在海上，航海爱好者坐在老式小帆船里漂荡，逃脱了发动机、仪表和各种电子设备乱耳劳形。海、风、雨、雾与过去并无二致，但在港口变得模糊不清的时候，尤其是恶劣天气，靠岸对航海者来说既是挑战也是命令。航海者向着陆地伸直双臂，紧握双拳：人们通过指关节及间隙可以测量九个角度，每个关节的间隙标记三个平分点，将拇指竖起来后拇指与食指间的空隙标记处点[1]。航海者用这种古老的技术估测海陆之间的距离来指导船只成功靠岸。这种需要对水流、浪花、风和海洋投入大量观察力的技术沿用了数个世纪，时至今日仍被用来辨别业余和传统领航员[2]。举例来说，沙滩上海浪的高度几乎无法估计，穿过层层海浪靠岸对船员来说是一场灾难[3]。靠向港口，尤其是在暴风天靠向大型港口，是为了躲避险情：水流在此起彼伏的潮水中碰撞，之后岩石、崖壁、沙洲构筑起充满破坏力与死亡威胁的浅滩，即使雇用了本地向导的蒸汽船长们在到达大型港口时也充满畏惧。Roger Barnes 曾在 *The Dinghy Cruising Companion* 这样写道："冒险在离岸2英里后就开始了，陆地从此没入大海。从小船上看，水天一线，近在咫尺。大海仍然为所有自信能在其上冒险的人们提供自由的乐园。"[4] 但是此种意象扭曲了当代大众媒体对安全、舒适、独立与经验的概念，让从未下过水的人失去对自己能力判断的准确度。

Barnes 在靠近洛里昂（Lorient）的航行中，15英尺（1英尺＝0.3米）长的小帆船颠簸在风浪中，他写道："Avel Dro 尽可能地保证航行的安全，同时危险也是航程中的美妙体验。我掠过一片片蔚蓝和翻滚着的山丘，它们在阳光下闪烁着，变化着，展现着令人畏惧的力量，如此壮美的景色让人无法呼吸……在我们下风口附近，一排黑岩劈开水流，一堆散乱的标识填满了前方的航道。"[5] 虽然 Barnes 做了心理准备，并配备了抵抗恶劣天气的现代装备，但仍然在驾驶小帆船从英格兰横穿海峡驶向法国时体会到了海洋的狂野与力量。当他到达位于一处古堡的避风港时，风雨减缓，此时才领悟到在他身后的这片汪洋只能称作旷野，在他面前的有秩序的、文明的、热情的、安全

[1] Eyges, *Practical Pilot*, 92-94. This is the only pilotage manual aimed at small-boat mariners eschewing electronic gadgetry.

[2] Mellor, *Art of Pilotage*, 7-55, emphasizes the need for disciplined observation.

[3] O'Brien, *Sea-Boats*, 168-171. O'Brien advises not attempting such landings; so does the Royal Navy: see Admiralty, Manual 1:218-219.

[4] Barnes, *Dinghy Cruising*, 19.

[5] Ibid.

的港口，美妙的旅社和咖啡厅才是景观。

在“一个无人居住满是沙丘的狭长低矮的黄色港口”对面，Frank Mulville驾着帆船在弗里西亚群岛（Frisian Islands）的沙洲斜土间迷路了。“薄雾升起，我们只能在侧铉看到海角的轮廓。”他回忆自己驾驶着小船在微风与潮水中前进时的情形。之后他与妻子和幼子听到了如同飞驰列车般的咆哮，层层海峰变成了巨浪。在混沌的雾中，他们驾驶的船冲上了沙滩，第一船锟打在船上，撞入主船舱，将船壳撞入侧铉，之后慢慢向侧铉闭合。“我看见它从我视线的角落被浪潮冲了出来，波峰被细小的沙砾染黄，狰狞着，弯曲着，悬停在船尾上方。之后，波峰像一只愤怒的猎犬一样开始屠杀。”Mulville试着在海浪把船舵打烂前拼命转舵柄。“我与它搏斗，如同与异常凶猛的野兽搏斗，我努力想把它控制在船内，这样我才能把转舵索牢牢地绑在上面。但是它像老虎一样气势凶猛，从一头扭到另一头不受控制。”[1] Mulville用凶残、狂野等词描述他的遭遇是因为所有向他家庭袭来的力量都是直观的、凶恶的。

在一艘敞口小船中，传统主义者遇见深海水手们最初感受到的感官高涨的情绪。“它令人震撼，让我几乎无法呼吸，尽管很冷，但那里有一种无法描述的危险氛围，如同暴风雨前的宁静；我感觉它就在我周围。”Elis Karlsson在回忆他的蒸汽船撞上岩石前的感觉时这样说道：“那是我们在检查船体准备冲撞时的内心感受。”但船长与船员将一切交给熟悉当地情况的本地领航员后，就放心了[2]。在渐强的风与渐浓的暮色中Karlsson无法摆脱危险，随后他很快登上救生艇，如果一直泡在冰冷的水中，就会被渐渐冻死。这位传统的业余爱好者在近岸感到恐惧的次数远比专业海员在深海感到恐惧的次数多，特别是在夜晚。他们发现吊诡阴森的气氛越强，夜晚感觉起来就越长[3]。但是一般而言传统主义者所穿戴的抗恶劣天气的先进装备会改变传统体

[1] Mulville, *Terschelling Sands*, 48, 51-52, 54-55.

[2] Karlsson, *Mother Sea*, 246-247.

[3] Returning to land gets short shrift in many how-to books about small-boat pilotage; see, for example, *Dye, Dinghy Cruising*, esp. 118-120, 165-166.

验，而且他通常会从现代人的角度做思想准备。

面对这么遥远的历史，传统的与水接触的人会努力追求成为当代的业余飞行员和客机乘客之一。

载人飞行始于1783年。这一年，Montgolfier（蒙戈尔菲耶）兄弟将一个篮子挂在大气球下升上了天空。最早，天空上的景色被简单地描述为鸟的视界，热气球提供的景色既有垂直的也有倾斜的：一旦升空，飞行员不需要时刻照顾气球，他与乘客可以自由地观赏周围与下方的景色。在19世纪前50年中热气球从科学设备转变为有钱人的娱乐设施，在二战中用于搭载通过电报与地面连线的侦查员执行任务，之后继续被用作娱乐设施[1]。1870年后，成千上万的美国人在乡村露天集市搭乘过拴着绞绳的游览用热气球；另外，还有几百名中了彩票的幸运儿获得搭乘热气球的免费机会，而且常常能独享一架热气球[2]。

在1876年的一个下雨天，Lizzie Ihling独自乘上热气球，升至宾夕法尼亚州（Pennsylvania）上空，她顷刻间看见“小阵雨村庄”。之后除了“沉闷，黑色的”厚云外什么也看不见。当云将她包围后，厚云变成了“牛奶般纯白的蒸汽”。“我现在很清晰地听见了牛铃的响声。另外，我估计我已经到达秃鹰谷（Bald Eagle Valley）上空，我正逐步下降。”Lizzie打开阀门调整方向。“在云层上有山和村庄”，她慢慢降落到云层下方，认出热气球下面的农场。在她低空掠过一片墓地后，热气球在预选的地方着陆了。“作为我的初次体验，这是多么戏剧性而又庄严啊。”每日新闻的读者明白她未曾感受过恐惧，她控制着气球，陶醉地跪在篮子里，并第一次理解了相较于墓地与森林，农场是多么适合热气球降落[3]。

19世纪90年代，随着自行车代替皮划艇成为全国最受欢迎的娱乐活动，许多热爱航空的美国作家相信热气球与动力热气球将取代自行车的地位。*St. Nicholas*和其他儿童杂志强调孩子们很快就能独自驾

[1] On Civil War balloons, see Wigglesworth Papers, MS N-114, June 17, 1862, Massachusetts Historical Society, Boston (the author of the document is unidentified).
[2] On rural American ballooning, see Landrum, *Historical Sketches*, 32-41.
[3] Quoted in Linn, *History of Centre and Clinton Counties*, 131-132.

驶热气球在天空中翱翔。在*Young Crusoes of the Sky*一书中，F. Lovell Coombs描写了三个年轻男孩意外地搭上热气球后展开的冒险故事与他们一路上看到的景色：“孩子们安静地期待着。他们看见白色的薄雾卷起，在他们身下展开，如同一张巨大的地图。在一处地方，白云的影子继续模糊着景观，之后席卷而过。然后，一片纯白划出的黄绿相间的格子板出现在他们眼前。”男孩们看见自己的东西，想道：“一片绿色、蓬松、被压扁了的草带蠕动着穿过这片大地景观。”[1] Coombs向读者清楚地展示了这些男孩出生在一个透过云彩观赏景观，为空中的海市蜃楼所惊奇的时代。他们静静地飞在空中，休息着，思考着。

成年人与青少年开始利用系着绳子的风筝飞行。1897年，Hugh D. Wise在《世纪》杂志（*Century Magazine*）的一篇文章中描写了一名美国军官向大众介绍如何建造及使用由金属管制造的风筝。他感觉乘坐风筝是“轻柔地摇摆、抬升，这与荡秋千不同”，虽然他忽略了风筝与气球相比所具备的潜力[2]。但是Wise明白持续增长的自行车、铁管产量与青少年对飞行的偏好意味着什么。他认为对于青少年来说架着风筝在屋顶上方飞行是可行的、新潮的，同时也很可能让青少年对航空工程学产生兴趣。

在同一期《世纪》杂志中，William A. Eddy展示了他将相机绑在风筝上所拍下的成果。在19世纪末的美国，从专业摄影热气球上拍下的照片已随处可见，即使这些照片与三维影像图挂着“鸟瞰图”的招牌。运送沉重的玻璃板反相相机需要大号风筝、结实的绳子和强风，实验者与爱好者起初使用辅助揽线触发快门，之后他们替换了可能会与缓慢燃烧中的鞭炮导火索钩住的缆线[3]。但是当成人和孩子们拥有便宜轻巧的柯达箱型相机后，业余工程师与儿童杂志着重介绍了一种将硬纸板制布朗尼（Brownie）相机升至300到500英尺高处进行拍摄的方法。美国各个乡村都有家庭收藏了这些由19世纪的孩子们拍摄的

[1] Coombs, “Young Crusoes,” 521.
[2] Wise, “Experiments,” 90.
[3] Eddy, “Photographing from Kites,” esp. 86-87.

照片。他们控制着风筝从农场上方的高空中拍摄下四周的景色，他们站在风筝下面，期望能够获得完美的曝光效果[1]。

就在怀特兄弟在基蒂霍克（Kitty Hawk）成功试验第一台引擎驱动的飞机前，美国爆发了一次民间飞行、航拍和空中景观分析的试验浪潮。几位青少年制造了一台由一组自行车曲柄带动的粗制螺旋桨驱动的单人飞艇，它带着这些青少年飞跃他们居住的社区。纱布制氢气球为飞艇提供足够的升力，粗制大舵由竹骨架裹着纱布做成，为飞艇提供基本的平缓转向能力。如果这些孩子们来得及向下张望、探视或者拍些照片，现在还会存在一些记录。19世纪末，飞行已经演变为一种过分讲究的活动，一家企业需要持续长时间地控制脆弱的飞行器。男人与男孩们制造出滑翔机，他们趴在上面，一路滑下雪山，直到机翼把他们从雪桥上托起。之后他们驾着滑翔机飞过山谷，乘着工厂烟囱散发出的热气流上升，开始享受他们悠长、刺激的旅程。飞行员们忙于飞行、降落，以至于没有任何一位滑翔机飞行员留下一张照片[2]。驾驶滑翔机相比机动飞艇更为轻松。

当到达一定的高度后，驾驶员会让飞艇减速，停止，以使其悬停在原地或向四周漂移。荷载一至三人的飞艇让乘客有机会静心沉思，或在发动机的振动中拍照。可是一旦飞艇熄火后，飞行过程就如搭乘热气球一般寂静：只有下降时风中会飘荡着信号哨的声音[3]。直到1940年，齐柏林硬式飞艇（Zeppelins）问世后，乘客们，尤其女士和女孩们，才享受到不仅由引擎驱动而且无须长时间受噪声烦扰的旅行。飞艇为摄影提供了稳定的平台，在1929年徕卡35毫米相机问世后，敞开的窗户让乘客得以探出窗外拍照。20世纪30年代，齐柏林飞艇带着旅客飞过大西洋，几乎没发生过任何事故。这条所谓的“齐柏林渡轮”载着数百名富有的游客，低空飞过欧洲部分地区，之后沿

[1] De Beauffort and Dusariez, “Aerial Photographs” offers a glimpse of the hobby; Cottrell, *Kite Aerial Photography* explains modern practice.

[2] See, for example, Duryea, “Universal Road.”

[3] On dirigibles in general, see Eckener, *Die Amerikafahrt des “Graf Zeppelin,” and Role, L’étrange histoire*. Women flew routinely in dirigibles from the beginning, but not in airplanes.

着缅因州（Maine）与新泽西州（New Jersey）莱克赫斯特（Lakehurst）间的海岸一路向南，为他们提供纯粹的飞行乐趣。偶尔，当风和日丽时，舰长会将飞船缓慢地向北极冰山靠近，并要求乘客打开窗子，探出身体，凝视、拍照。随着1940年齐柏林飞艇在新泽西州因事故爆炸，飞艇逐渐失宠。1940年后商业航空公司兴起，在英国各处都出现了长途航班，水上飞机成为国际航班的主力，在非洲及其他国家，这些水上飞机在一段时间内直接在水面起落。

在怀特兄弟发明机动飞机后的十年内，军方开始建造战斗机，并近乎疯狂地提高其速度[1]。驾驶第一架飞机意味着面对试验机先天具有的不稳定性，硬着陆造成的破坏，频繁的发动机故障，或在紧急着陆时同时面对这三重挑战。战争造成的损害，尤其是飞机起火、迫降，让一战飞行员养成了一种天性，并在训练中传承下来，尤其在战后训练业余飞行员驾驶退役飞机时："第一次飞行时，老飞行员们总会让我们这些年轻人向下看，仔细观察下面的土地，并寻找任何一处可以用于降落的平地。"1939年，Wolfgang Langewiesche在他的著作*I'll Take the High Road*中回忆道："我们拣选出下方的牧场、干草场和宽广的高速公路作为紧急降落场地，就像人们为了过河而拣选合适的垫脚石。"Wolfgang Langewiesche记录下自己的所见："仅仅是平常的中西部，会看到有铁轨、河流装饰的广袤的棋盘状田野，飞机嗡嗡地飞过一所房子后院，在院子里有正在晾晒衣服的女人，然后飞机便傲慢地掠过小镇的一角。"[2]

齐柏林飞艇的乘客常常会描写空中的景观，但是除了Anne Morrow Lindbergh以外，很少有飞行员和飞机乘客那么做。Anne Morrow Lindbergh回忆自己1931年的飞行经历[3]。那年，她第一次从华盛顿哥伦比亚特区（Washington, D.C.）飞抵缅因州的诺斯黑文（North Haven）。她怀念蒸汽火车与轮船给旅客带来的层次感，还有旅程中她最喜欢的站点，她认为"下方那些我曾经熟知的景观不是真实的"。因

[1] "Dragon-fly" offers a useful pictorial explication of the airplane as modernity.
[2] Langewiesche, *I'll Take the High Road*, 101, 40, 18-19.
[3] See, for example, Charles Lindbergh, We.

为她的身体飞得比她的心快多了，快到无法让她的心“体会生活的意义与它带来的愉悦”。乘坐双人水上飞机（二战中常见战斗机的早期型号）降落后，Lindbergh学会了“安静地坐在飞机上，让发动机声如音乐般将我淹没”，遥望“一片满是丛林，仿佛一只手就可以揉碎的灰色苔藓般的山丘”和“一棵榆树的影子投在地面，好像一块被压扁了的蕨菜”，朝阳照耀在房屋一侧，形成“明亮的正方形与长方形，如同一块块石板”[1]。作为第一批适应国际航班、习惯了在水上飞机上看湖泊和港口在身下掠过，习惯了飞机急速攀升的旅客，Lindbergh思考着Wolfgang Langewiesche不能忽视的问题。十年后，Beryl Markham在*West with the Night*中提到了与之相关且几乎相同的想法，但是她更多思考的是快速的飞机是怎样刷新了她过去理解景观时产生的不协调感。她认识到黎明也许还在前方20英里处[2]。飞行员们太忙，以至无法思考他们下方的景观究竟是怎样的：“飞行员如果在飞行中漫不经心地四处张望，那么在他发现危险之前，一切都已经‘搞砸了’”，Langewiesche如是说[3]。1948年，Lindbergh作为乘客飞抵欧洲。她认为来自美国的乘客们虽然看见但从未感受过飞机下面的景观，“航班提供美食和舒适的环境，让人感到优越、与世无争”。她特别谴责道：“高度让人们产生了一种糟糕的优越感，让他们产生自己是神的错觉。”空中旅行让人产生一种“拥有可怕力量”的幻觉[4]，这让景观成了单纯的展示品。

在20世纪20年代，大众杂志与专业杂志都认为家用或私人飞行器的时代马上就会到来，这些飞行器将提高通勤效率，减少交通堵塞，让人们能带着家庭轻松到达海边。它们将灵活地穿梭在高速公路上，飞行于天空中[5]。Henry Ford（亨利·福特）接受了建造空中轿车的挑战，但很快他就将建造“飞行版福特T型车”的计划取消了，

[1] Lindbergh, *North*, 48-49, 240.

[2] Markham, *West*, 34, 67-68.

[3] Langewiesche, *I'll Take the High Road*, 18.

[4] Lindbergh, “Airliner to Europe,” 45. See also Morand, *Air indien*, on flying over South America circa 1930.

[5] See, for example, Holme, “Influence.”

在那个十年里这架飞行器害死了他的朋友[1]。1927年洛杉矶公立学校开展了一门飞行课程。作为地理的一部分，这门课程让孩子们坐着飞机飞过向天边延伸城市，但是孩子们不被允许独自驾驶飞机[2]。1930年《家长》杂志（*Parents'Magazine*）告诉它的读者，很多对汽车感到厌倦的年轻男孩在简易机场附近游荡，几乎凭直觉学会了如何开飞机：也许这预示了一个真正男子汉需要翱翔天空的后汽车时代[3]。在大萧条中建造两栖车与空中教室的梦想慢慢消退，尽管政府仍然在半信半疑地予以支持，并在二战中渐有起色。但在20世纪50年代，他们再一次消失了。大量飞行汽车在着陆测试中失败，或者表现出令人绝望的公路驾驶体验。尽管在20世纪60年代单人直升机（极难驾驶）建造再一次流行，随后又出现驾驶悬挂式滑翔机与轻型飞机的风潮，孩子们还是不被允许在小区上空驾驶自行车驱动的简易氦气飞艇[4]。因为驾驶被爱好者称为“风筝”的滑翔机需要长时间保持精神高度集中的状态，大多数年轻儿童不愿尝试这种悬挂式滑翔机或它的机动型近亲：与1942年的情况正好相反，青少年不再建造滑翔机，去追寻上升气流[5]。爱好者们知道驾驶滑翔机升空观赏景观，让其滑翔，并设法腾出手拍照是不明智的[6]。正如Jennifer Van Vleck在*Empire of the Air: Aviation and the American Ascendancy*中所言，军事技术与强大的资本力量反复地压倒人们对个人飞行的乐观态度。

人不会忘记怎么骑自行车，飞行也是如此。自行车给坐在上面的儿童权利与力量，为更年长的孩子与成人提供深入探索周边世界的机

[1] Chiles, “Flying Cars,” esp. 146.

[2] Cuban, *How Teachers Taught*, 48.

[3] Chamberlin, “Shall We Let Our Children Fly?” esp. 15-16. See also Brucker, “Airplane.”

[4] On tiny helicopters circa 1970, see Brown, “How You Can Own and Fly Your Own Whirlybird”: in its back pages, *Popular Science* routinely ran small ads for such machines. They did fly and became the bane of rural women sunbathing nude, something that presages drone video-making.

[5] For a 1940 example, see Berlin, “Robert Noyce,” which describes an aircraft Noyce, aged twelve, built with his fourteen-year-old brother. The article includes a photograph.

[6] I have tried photographing the landscape from a hang-glider and learned the results of distraction.

会。而飞行从本质上就不同，就连它早期的历史也是模糊的。在20世纪早期中只有屈指可数的男孩曾蹬着笨重的飞艇飞过社区上空（就算是今天，也只有少数成年人驾驶过滑翔机或轻型飞机）。可是一旦飞机离开跑道或开始降落时孩子们总会把脸贴在小小的窗户边，紧紧盯着下面。不管他们在那时注意到什么，感受到什么，鸟瞰都会改变他们对景观、景观历史、景观研究以及景观设计的看法，并彻底地改变景观绘画与摄影的视角。早期，很少有行人、骑手或驾驶员会关注业余飞行。除了云彩或机翼支柱，鸟瞰图像没有物体在前方遮挡[1]。遵循传统的水手在登上修复过或重造的老式小船时也许会试着想象自己回到过去，但没有飞行员能想象自己在1903年，甚至1783年以前升空的情景。

飞行向人们展示当代人对景观的想象是如何在一两个世纪间演变出来的。这之前我们不可能理解前人是如何看待他们建造、找到或遗弃的景观。现代的调查无法撼动从空中感知的地位。当然，飞行在20世纪30年代带来巨大的变化，随着水上飞机出现在加拿大北部，飞行永远改变了乘坐皮划艇制图的制图师的视点。Karel Tomeï在它的鸟瞰相片集*De bovenkant van Nederland: Holland from the Top*中指出拜占庭人“可以想象上帝是如何从天上向下看，观察大地、村庄和教堂的金顶”[2]。Karel Tomeï断言在拜占庭人眼中，他们周围的一切，甚至他们的帝国，都是天堂的不完美复制品 。“在我们这个个人主义时代，鸟瞰摄影刷新了人们对地区连通性的意识。一旦你从高高的天空中看世界，你会发现每个人都在为建造自己的天堂争得头破血流，这些争斗多得超出你的想象。”他提醒读者，正是过去宗教的世界观造成了Lindbergh所忧虑的当代人自以为成神与自以为优越的幻觉[3]。除了精灵和彼得潘（Peter Pan），飞行体验让地面与海洋交通产生令人紧张的反应。但是欧洲探险家和帝国主义者的构想源于陆地和海洋，可并没有人发现过会飞的人。

[1] Morgan and Lester, *Graphic Graflex*, 341.
[2] An especially penetrating analysis is Downes, *Sleeping Island*.
[3] Tomeï, *De bovenkant van Nederland*, 9-10, 12-13.

大约在1400年，欧洲探险家到达了许多未知的地方，但这些地方大部分都是适合生存的。探险家所到之处几乎都有人居住，但没有欧洲“发现者们”对找到这些居民感到惊讶。“遍布四野，分布超过所有哺乳动物的人类从未吸引过他们的注意力，” Clive Gamble在*Timewalkers: the Prehistory of Global Colonization*中辩说道。只有最近的考古学家和人类学家追踪史前人类的迁徙概况，尤其是他们如何穿过大海的，例如学者们寻找印度尼西亚人是如何从东边抵达马达加斯加，并在此地扎根；还有他们是如何从西边抵达各个小岛并在那里安顿下来的。Gamble着重指出：“在这两个例子中，殖民活动都是高度集中且直接的，它们牢牢扎根于乡土社会的意识形态，既不是因为机会流失，也不是因为时间不足，而是因为动植物的扩散。”开拓者们自非洲来，千百年后他们的后裔几乎无处不在。有些岛屿实在无愧于“荒无人烟”的标签，比如百慕大（Bermuda）、阿森松岛（Ascension）、圣赫勒拿岛（St. Helena）、加拉帕戈斯群岛（the Galapagos）等屈指可数的几座岛屿，但是许多岛屿并非从未有过居民，它们仅仅是被遗弃了而已。在圣诞岛（Christmas）、诺福克（Norfolk）和皮特凯恩岛（Pitcairn）均发现有史前聚落的痕迹，虽然它们早在与欧洲接触前就已经被荒废了。“虽然这些地方在今天已经被人遗弃，但我们调查景观，希望发现史前聚落。”Gamble在塔斯马尼亚岛（Tasmania）西南部的一个岩石荒野保护区介绍他的研究时说道：“在这个地方开展调查是极为困难的，有时候一天只能行走1公里。后来直升机的运用改善了这一状况，但是距上一次有人造访这些山谷与上面的小洞穴已经过了一万两千年。”[1]Gamble和他的同事们能从挖掘山洞的地面发现一些信息，但是不能指望自己能够理解这些想象中的景观是怎样的。乘坐直升机到达山洞的学者们只能做出有限的想象，他们的想象已经被飞行永远地扭曲了。

考古学家和其他学者被1725年Giambattista Vico发表的一个简单理论激励，持续在相关领域工作。Vico指出，过去是由像我们一样的

[1] Gamble, *Timewalkers*, ix, 236-237, 139-141, 15-16, x.

人类创造的。“我们可以知道过去的世界是因为世界是由人类创造的。” D. Bruce Dickson在著作*The Dawn of Belief: Religion in the Upper Paleolithic of Southwestern Europe*中说道。作为创造者，我们让自己能够了解自己的祖先：“他们具有的科技与生活方式肯定是真实的，那么他们的宗教也许是真实的。” Dickson想象着，在遥远的未来，也许会有学者在没有任何记录的情况下尝试着研究基督教：研究者会记录教堂建筑的朝向，发现坟墓中缺少的陪葬品；会意识到城镇与城市好像往往聚集在位于中心的教堂周围，巨大的马厩、粮仓、工坊和其他建筑都会衔接到中世纪修道院建筑边上。“从这项研究一开始，这位考古学家无疑会意识到早期基督教在欧洲外的起源地”，Dickson指出，虽然会遗失很多细节（包括圣人的生活、宗教审判、宗教改革的开端等），但是基督教艺术和建筑仍会揭示许多信息，尤其是雕像提示在东罗马有大量崇拜活动。尽管看到《最后的晚餐》（*Last Supper*）的澳大利亚土著会惊异于达·芬奇花费如此多的精力描绘一顿饭，但是Dickson告诉我们艺术可以揭示很多超越生存的问题。同时他辩称道：“在旧石器时代晚期，人们在地面上划出一片明亮的区域作为‘生活空间’，在黑暗的地下建造画廊，作为‘仪式性空间’，并在黑暗的地表下进行神秘的活动。”[1]

这些地方往往难以到达（为了研究一处这样的画廊，研究者必须坐船穿过两片地下湖，然后爬上一个高达131英尺的悬崖），这样偏僻的位置预示着世界上仅存几处这样的艺术品。然而，在另一个很容易到达的地方，可能有更广泛的参与者。“欧洲西南部的大溶洞内部可能已经形成了旧石器时代晚期的聚落边界”。随着人们在“科技与心理”上征服了黑暗，“这边界在几代人的时间里慢慢增长”，Dickson指出，这预示了这些人的后代如何（或多或少地）利用电力掌握了夜晚。他强调，在黑暗的教堂里，被蜡烛包围的东正教基督像在烛光中展现出令人惊讶的力量：“他们发出微光，好像漂浮在闪闪发光、千变万化的烛海上。”一个普通博物馆的陈列架就能打破他们的宗教咒

[1] Dickson, *Dawn of Belief*, 14-15, 23-24.

语[1]。Vico发现，早期人类和我们一样更喜爱日光；但是因文化的改变现在的人更喜爱夜晚，他们倾心于火焰、烟花、LED灯与发光的显示器[2]。Dickson与其他考古学家仔细观察，费尽周折地推进：除了残缺不全、支离破碎的线索，没人可以回答他们的问题。

传说、宗教经文以及宗教对现代人研究古老景观有参考价值，特别是地名发音的来源。在*The Destruction of Sodom, Gomorrah, and Jericho: Geological, Climatological,and Archaeological Background*一书中，David Neev（地质学家）和K. O. Emery（海洋学家）分析了圣经旧约里记载的破坏城市事件。他们在拥有近万年历史（在Dickson考察时代结束时）的遗迹之间工作，并努力查明在圣经中提到地方的实际位置，以及专注于大灾难遗留下的遗迹。虽然所多玛城（Sodom）的确切位置仍然不明，但是从附近悬崖的基础上渗出的地蜡油为圣经中记载地震（或因其他破裂）后出现的烟、火和恶臭提供了可能的解释。他们工作的一部分围绕古希伯来语多义单词“kittor（水流）”展开，但也可能指柱状烟雾（如它在创世纪19:28中的用法）；它也可能指代一条流淌着，燃烧着的含有大量硫，连带着大量氢硫化物的沥青，它产生的烟在20英里外依然可见[3]。任何宗教作品写作（或许包括现代释经作评）会重新理解作品中的景观，但从未改变风在作品中代表的意义。

1954年，游艇驾驶员Charles Violet知道学者将“Tarshish”一词理解为撒丁岛（Sardinia）在旧约圣经里的名字：冒着大风在海岛附近航行时，他想起Psalm第四十八首写道，“Thou breakest the ships of Tarshish with an east Wind（汝用东风打破Tarshish的船只）”[4]。诗句有时候还是有用的，因为东风只在一个地方肆虐。考古学家（和其他专家），由此将非常细小的碎片与线索拼凑起来，构成稳固的理论结构。他们往往采用大规模航拍（如Neeve和Emery也是如此做的）推

[1] Dickson, *Dawn of Belief*, 118-119, 204-205, 120.

[2] Fireworks here prove important; aerial fire catches the eye still: see Werrett, *Fireworks*.

[3] Neev and Emery, *Destruction of Sodom*, 98-99, 127-131, 141. See also Grinsell, “Christianisation,” and Simpson, “God’s Visible Judgments.”

[4] Violet, *Solitary Journey*, 65-66.

进他们的研究，以了解只能在想象中飞行的海员与其他先驱。

对于所有研究景观的学者来说，拼凑他们已经取得的成果都是很好的研究方式，求知欲与细心观察可以成就研究者。实践提升他们的能力，即使是在夜间。

在远离城市的地方，虽然万里无云，但没有月亮的夜晚，星光能为最谨慎的旅行者提供足够的照明，让他向前自由地行走。小船上的水手很快熟悉了星光灿烂的黑夜，但是很少有游客会注意到小船和航空母舰上只有红色与绿色的小灯，而船舶没有前光灯。在沙漠与大洋中，人们能看见城市里看不到的晴朗夜空、银河，还有上千颗星星。不出意外，星星可以组成星座，海员们能直接用星座导航。但是想要了解黑暗中远离人工照明的景观需要许多晦涩难懂的技术，这些技术一旦被掌握后，人们往往惊异于它的效率：视杆细胞和视锥细胞并不是均匀地分布在人类眼球上的。Vinson Brown 的著作 *Reading the Outdoors at Night* 仍是夜间在陆地上探索的最佳指南。在远离城市灯火的地方，一名赶路直至天黑的行者用光了手电筒与手机的电池，他用书中的技巧与黑暗相处，或许也让他思考夜间景观所具有的悠长历史。

“天黑之后，水门街（Watergate Row）变成了一个昏暗神秘的地方，只有几盏闪烁的煤油灯亮着。”L.T.C.Rolt 在 1914 年圣诞节回忆英国大教堂镇的一条小巷时说道。他的家庭欣喜地待在近乎完全黑暗的夜晚与在飘荡的雪花中闪烁着的人造光里。已打烊的商店里也“从缝隙中透露出光斑”，吸引着男孩向它走近。有时候“窄巷子口如同午夜般漆黑，带领熟悉它在那里的人穿过小巷”，Rolt 还记得，当他在教堂的烛光合唱开始唱颂歌前的几分钟，他想了关于合唱团的事。黑暗与白雪和闪烁着的人造银色光斑产生的对比“结合起来，带领我进入一种恭谨的情绪。那昏暗的通道与水门街被标记，存储在我意识记忆中最深刻的地方。” Rolt 捕捉到了某种存在于燃烧着篝火的史前洞穴里和被蜡烛包围的圣像间的东西[1]。

[1] Rolt, *Landscape with Machines, in Landscape Trilogy*, 31-32.

在他的巨作*Landscape Trilogy*中，他反复尝试着分清哪些是“成年人必须需要合理化制定”，而“孩子们仅凭直觉便掌握”的事物。也许是因为对圣诞节魔法的期待，他“感受到一个古老城市持续生活着，它错综复杂，黑暗、神秘但不险恶，极具人性”。他在夜间的经验造就了究其一生的景观分析、他发起的保护和修复大部分英国18世纪运河系统的运动，以及他作为考古学家的成功生涯。他问道，现代城市有哪些“可以给孩子带来如此令人惊异的影响呢”[1]？Rolt在开始研究之前便注意到这一点并将其记在心里。他从不忘记关注、思考孩子们是如何认知景观的，尤其在夜晚，也许特别在圣诞节的夜晚。

对黑暗，尤其是城市的黑暗，人们有着矛盾的感觉，这些感觉创造出当代对夜间景观的理解。城市居民认为街灯、门厅的灯、停车场的灯还有声控灯可以帮助他们对抗犯罪行为。灯光让人们走动（甚至对罪犯来说也一样）起来更容易，这种认识不过是之后才有的想法。在太阳刚刚落下之后，许多驾驶员会忘记关掉汽车的前灯，因为高速路与街道已经被人造灯照得如此明亮，汽车前灯显得多余。汽车前灯自煤气灯时代就已经出现了。阴天提醒夜间行人，尤其住在远离点了煤气灯的市中心地方的人们携带灯笼。汽车制造商们知道，住在乡下和郊区的家庭才是他们的主要客户（这些家庭住的地方远离公共交通），于是制造商们发展了轨道交通的技术。直到今天，轨道交通公司并不会点亮他们的道路[2]。机车设有数个发出刺眼光芒的前灯，而铁路在夜间是现代城市中的黑色丝带。不只在荒野，也在所有其他地方，在田野和靠近城市的终端，铁路只亮着一个信号灯，它的彩色光芒沿着闪烁的平行钢条反射出来，除此之外，其他地方是黑暗的。

有着几个世纪历史的法律强化了人们对黑暗的原始恐惧。法律对夜间入室抢劫的惩罚较白天更为严厉，就像他们对蒙面抢劫的惩罚较不蒙面更为严厉一样。黑暗与面具让现代陪审团发现他们陷入了最原始的担忧。开车却不开灯算作犯罪，但提着灯笼在乡村鬼鬼祟祟地行

[1] Rolt, *Landscape with Machines*, in *Landscape Trilogy*, 32.

[2] Until World War II, the authors of children's books directed attention to such issues: see Petersham and Petersham, *Story Book of Trains, and Lent, Clear Track Ahead.*

走却是合法的。在民法中，受害者有义务为自己提供照明以远离危险，这一条令造成了一个在如今显得尴尬的问题：带灯还是带枪。谨慎的人会带盏灯或者至少带着一台屏幕明亮的手机。赛艇在夜幕降临以后必须携带一盏透明的玻璃灯或者白光手电筒，但法律责成赛艇运动员只有当可能发生碰撞时才能开灯。

火、蜡烛、灯笼、灯塔、头灯，还有发出光芒的手电筒，人们的眼睛会寻找光芒（但是会避免耀眼的太阳），也许是因为人类本能地珍惜火源的缘故。除了太阳，只有星星和闪电（还有在沼泽中偶尔会被点燃的甲烷气体）会发出光芒[1]。夜晚，人眼缺少视觉刺激，会紧紧盯在火光上。皇家海军在北极训练时，队员们呆呆地坐在被狂风撕扯着的帐篷里，一言不发地盯着做早晚饭用的小煤气炉：他们将其称为“突击队员电视机”[2]。在煤气灯（农村居民将其理解为典型的现代都市发明）、电灯，以及电视机与视屏显示器发明以前，火光与烛光吸引着人们的目光，并让人们盯着它们一动不动。室内闪烁的灯光投射出各种各样的影子，同时盯着火焰或发亮的余烬的人们，常常会陷入被称为遐想的和似乎恍惚的催眠状态[3]。随着火炉取代壁炉，煤炭取代木柴，19世纪中期的作家们在火光的变化中沉思，他们尤其会在无烟煤淡蓝色的光辉中自娱自乐[4]。在户外，有火的地方在黑暗中向人类招手，虽然火光会驱赶狼、熊、山猫等肉食动物。火光消灭了恶魔与其他超自然的事物。

火也意味着芳香，在黑暗中，隐隐的微风慢慢加强，带来枫木、铁杉或杜松燃烧的香味。“杜松子燃烧的味道是地球上最甜蜜的芬芳。坦白讲，我怀疑但丁笔下天堂的所有香炉加起来都不能和它一样香。”Edward Abbey如此沉思。1960年，他在位于犹他州（Utah）偏远地区的一处仅在夏季开放的国家公园担任护林员。他知道应当把手电筒关掉，放在口袋里，这样他的眼睛才能适应，不至于因为盯着手

[1] Volcanoes emit light too, of course.
[2] Oliver and Lancashire, *Blokes Up North*, 136.
[3] Bachelard, *Psychoanalysis of Fire* is a superb introduction.
[4] Mitchell, *Reveries of a Bachelor*, esp. 17-108.

电筒照出的小光圈而忽视了周围的黑暗，同时闻着远处水的味道，或者“至少和水相关的事物的味道，比如杨树独特且令人振奋的味道，它是峡谷中的生命之树”。他写的*Desert Solitaire: A Season in the Wilderness*描写了对夜晚的强烈感受，当星星闪闪发出“蓝色、翡翠色、金色”的光，当金星是空中最大的物体，当它和星光将悬崖变出“难以形容的紫色阴影”，当无法看见的篝火发出烟雾时，这些光宣示着还有其他人躺在这个寒冷的夜晚中[1]。二十年前，他也许赶上过蒸汽火车的时代，闻过蒸汽火车从远处散发出的煤烟味，这是一种农村人知道的气味。在他的年代，夜间列车往往伴着汽笛声在黑暗中出现。

迷失的人们、受冻的人们、饥饿的人们朝着火光狂奔，有时如同扑火的飞蛾般盲目。如同船只接受灯塔指引向海港进发，旅人追寻着指路灯跋涉，穿过迷雾、沼泽与其他令人意想不到的地方，虽然有时候光芒会背叛他们，将他们带入险境[2]。熄灭的火焰与被掐灭的蜡烛常常让旅人迷失，就像海市蜃楼能摧毁海员们的意志一样。城市居民对黑暗感到恐惧，尤其当暴雨、大雪或狂风撕裂黑暗时，人们产生对大面积停电感到担忧。在1859年太阳风暴事件中，一次太阳耀斑是如此的强烈，它燃烧了美国和英国刚刚建成的电报网，虽然相较而言针对这一事件的研究并不多，但是近些年保险行业与宏观战略家们开始对它产生了兴趣。如果同样强度的太阳耀斑出现在今天，它将在瞬间破坏所有的电子设备。再一次发生如此强烈的太阳耀斑的概率可比陨石袭击地球的概率高多了。黑夜回来，城市里现有的秩序可能会崩溃；暴民动乱，饥荒席卷城市，黑暗将成为恐惧的代名词，而不是记忆中那种舒适、迷人的城市夜晚，那种由烛火、炭火、柴火和罕见的煤气灯照亮的夜晚。

任何针对景观的研究都是日夜持续着，包括各种天气状况。在高原清澈的空气中，旅行列车有时会从夜间的远景中缓缓出现，长长的车身照出一条线，像一列蚂蚁在远处移动，然后突然消失。于是，我

---

[1] Abbey, *Desert Solitaire*, 15, 143, 13-14.

[2] Beacon Street in Boston, Massachusetts, takes its name from a hilltop fire lit to guide travelers moving on land.

们知道在远处有一条铁路，但我们并不知道列车的颜色。

色彩可以塑造景观，但是只有少数人知道这一点，很大程度上是因为只有更少的人能够快速捕捉到色彩。从19世纪40年代开始，摄影技术困扰着许多向往成为摄影师的人们，甚至在George Eastman发明了胶卷和廉价的箱式相机后很久仍是如此。许多聪明的人就是无法看清楚光，因而犯下曝光过度或者曝光不足的错误。这种困扰推动了光化仪的出现。1890年，第一台光化仪问世，然后出现了光伏表，之后装有协助快门调节仪表的相机问世，这使20世纪40年代末数百万计的家庭能够进行彩色摄影。尽管单色摄影拥有更广泛的曝光容错率，但是它还是让许多未来的摄影师望而却步：反色摄影的敏感度和幻灯片惹怒了上百万人。相机、胶卷以及材料厂商发现对光的不敏感性极难处理。他们在指导公众使用相机上取得了成功，但是在整个20世纪，这些公司未能使公众明白相机和胶卷记录下的是光（有时是色彩）而不是物体。

这一点很重要。伊士曼·柯达公司（Eastman Kodak）与其他主要胶卷公司开展了昂贵的普及活动。像柯达杂志这种免费或廉价杂志、小册子与技术传单在相机店里免费发放，同时这些刊登在摄影杂志与精致的廉价小册子上的广告让摄影成为了一种业余产业，而不是学校会教授的内容。从1886年起，柯达公司鼓励新手摄影师不受干扰地创作。它只有极少数针对城市摄影的情况下对胶卷选择、布景以及最重要的光提出建议。这些杂志鼓励读者远离足迹、车辙能够到达的地方，远离拥挤的人行道，远离摄影老手与导师，远离汽车。它将读者们指引到乡下，因为它知道在安静的地方摄影师们才可能不紧不慢地工作，才可能像它建议的那样制作曝光设置笔记，才可能看见光线尖锐地落下，并学会利用多种镜头、胶卷和纸张记录它[1]。

柯达和它的竞争者间接地在如画的乡村景色中陶冶了美国人。在20世纪30年代后Kodachrome彩色胶卷问世后，业余摄影师找到能够锻炼他们看见光线色彩的能力。

[1] Stilgoe, *Old Fields*, 157-164, 309-359.

同样，相机公司间接地告诉摄影师们（包括职业摄影师和狂热爱好者）摄影技术中的魔力。不管摄影师在构图时多么敏锐细致，也不管他们曝光时多么仔细，甚至无论在今天或是昨日，底片清洗后，都会揭示出在现场遗漏了的事物。

通常摄影师会遗漏下落的光。正如Ursula K. Le Guin在1968年的著作*A Wizard of Earthsea*中描写的那样，魔法可以指落在一个地方上的光。但是落下的光和色彩一样，在每一个地方都有所不同，而且气候往往会影响光下落的规律和色彩的规律。1937年，就在彩色胶卷刚刚发售之后，M. G. J. Minnaert出版了他影响深远的著作*Light and Color in the Outdoors*。这本书在几十年内不断地重印，再版，时至今日仍在印刷。此书向大众普及了如何区分户外光学现象，受到其启发的包括许多画家，以前他们从未发现这些现象。它也解释了一些起源：汽油和柴油“散发出精美的，在昏暗的背景下呈蓝色的烟。但是在明亮的天空作为背景时烟的颜色则一点也不蓝，反而透出明显的黄色”。因此“烟透出的蓝色不像玻璃透出的蓝色，这种色彩并不是它原本固有的特性，而是烟分散的蓝光（较黄光或红光更多）”。这种现象在加速的大巴后和柴火产生的烟中更为明显。透过黑暗的针叶树看过去，从房屋烟囱里飘出来的烟在低处呈现出蓝色，这是因为人们需要透过分散的光进行观察。在高处的烟带红色是因为他们要透过透射光进行观察。过去城市大巴在车底装有排气管，但是新造的大巴都将排气管移到了车顶：尽管Minnaert指出他仍然能注意到污染控制设备，正如在平静的日子里从柴炉中冒出的烟柱，产生出彩色条纹，尤其在山谷中。但是局部的雾、霭与霾不能解释为何会有蓝雾笼罩着烟山与其他针叶林覆盖的区域。森林散发着萜烯与各种有机蒸汽，它们被阳光与臭氧氧化成能散射光的大分子气体，而在一些有着独特地貌的地方这些蒸汽以特殊的方式存在着[1]。

面对着身前的霾与远方的雾，观察者也许会发现建筑显得特别高。但是正如Minnaert所说，一般情况下，“这些往往源于潜意识的

[1] Went, “Blue Hazes.”

印象组合”，让大型建筑物与其他大型物件显得宏伟而庄严。“注意，雾使物体的轮廓如它们本身一样清晰。一切被覆盖在如面纱般的光芒下，让对比不再醒目，但光与暗之间的过度并不舒缓。尽管有着精确的定义与解释，”Minnaert面对彩色胶卷这种新奇的事物对传统审美的影响时说：“这张精美的照片展现了一片在树林中被阳光照射着的薄雾，相机拍摄时逆光，镜头稍稍偏离太阳的方向”，这是他解释了日常插图的例子。但是他也知道大部分人看到这样的雾或它的照片时不会想到是因为那里没有雾才能产生并定形，虽然只是一小段时间。在很长的一段无风期里，沙尘会沉淀到空气底端，能见度降低；上升气流将沙尘向上吹，使得下午的能见度比上午更高，仲夏的空气比冬季更为清澈[1]。烟、尘、雨滴，还有在沙滩边的盐粒，所有往往被人忽视的气溶胶，都会改变光和景观，烟雾也是如此。

Minnaert告诉摄影师们他们应该停止摄影，相反，他们应该试验他们的彩色滤镜，透过红色滤镜观察蓝色雾霾笼罩的区域，他们能看见在白光下看不见的景色。Minnaert还告诉所有人他们应该在明月下的雪地中行走或踏着碎步，注意那明亮的白色，想想那些人类眼睛里的视杆细胞“对低明度的状况下的对比度尤其敏感”。他将注意力引到割草机在草地上画出的条纹上，并注意到当割草机驶离观察者，条纹颜色较割草机驶向观察者时看上去更浅（当它远离观察者时，它反射的光更多）。他指出，一条碎石路呈“白灰色，向着太阳延伸，在远处呈灰褐色”，而“在秋天的早晨，在朦胧的空气中，太阳光在树林中随意，但清晰地照射在树干间，平行光带来了空中透视的魅力”[2]。人们在景色中感到的愉悦大多是理性的，而理解光学能产生更加敏锐的观察，而且也许能带来更好的摄影结果与更强烈的愉悦感。

就像飞行一样，尤其是像Tomeï进行过的本地的小规模飞行，黑暗、光明以及摄影为独立景观探索提供了不多的研究。数字图像制作技术（包括业余无人机拍摄的图像）的入门用户仅仅关注手机或其

[1] Minnaert, *Light and Color*, 259-261, 290.
[2] Ibid., 360-362.

他镜头光学器件，更别提解决电源或通过像素存储器记录色彩的问题了。

色彩对长期的观察者是有回报的。它的历史是丰富的、复杂的、令人费解的和多种多样的，这一切令莱昂纳多（Leonardo）、牛顿（Newton）和歌德（Goethe）都分辨不清。1786年，歌德在到达意大利的第一天写道："阳光是耀眼的，突出了当地的颜色，甚至阴影部分也如此明亮……一切都是如此明亮。"[1] 他如此定义威尼斯人："我们这些生活在要么满是尘土要么满是肮脏淤泥的，没有颜色且昏暗的土地上的人们，和那些生活在狭小的房间里，不能使自己快乐的人们"。

白色油漆是美国独立后生产的第一种油漆，它也是美国建国的缩影，虽然很少有人记得为什么纳税人为总统建的房子是白色的。"color"是最基本的词语，谷仓的暗红色；19世纪客运列车的绿色；新修道路的青黑色；消防车上在晚上会变成黑色的红色；农场拖拉机上的彩虹色（农用机械的颜色往往映射出农场土壤质量，绿色的机械更贵，因此使用绿色机械的农场土质更好）；还有铁轨、路标、麦浪的琥珀色；这些都比许多书本上描述的丰富得多。色彩是Donald D. Hoffman的著作*Visual Intelligence: How We Create What We See*的重要主导因素，这本书对如"光度计创造了它所测量的光属性"等副标题进行了直观、通俗的分析，并简洁明确地说明尽管室外阳光随着太阳与云的移动不断变化，进而间接不断地模糊、暴露色彩，几乎没有人在这过程中看见过物体改变颜色[2]。Hoffman揭示了生物先天（与后天）的补偿感知的来源，因此摄影师往往无法满足于彩色胶卷，以及一些调查者记录景观印象与记忆的结果产生混乱。

"将经验从生活的大桶转移到记录的容器靠的是蒸馏过程：内容被筛选、浓缩和发酵，"Hannah Hinchman在*A Trail through Leaves: The Journal as a Path to Place*中写到。这本作品集推进了她为自己的

[1] Brusatin, *History of Colors*. Goethe, Italian Journey, 73-74.
[2] Hoffman, *Visual Intelligence*, 130, 134.

图像日记提出的论点，这本浅显易懂的速写本包括时间地图、景观记录，以及她用铅笔画记录看到的景观、水彩画、彩铅画、墨水笔小插图和小品短文。她认为记录不应当像梭罗（Thoreau）和大多数旅行者所做的那样，视觉记录应当以图像的方式强调光、形态与色彩，它可以作为艺术，但一定是私人的。她的书具有权威性，并引人注目地强调了孩子们如何学习绘画，以及早期艺术教育的粗糙和课堂上的填色练习如何扼杀孩子（与成人）天生的好奇心，把他们放逐到“一个充满了混合、奇怪、变化无常、无法描述的颜色的世界。”在Wyoming Badlands，Hinchman向Abbey提出了令其惊讶的要求：让观察者为了了解景观而进行精确观察，并混合颜色所需的清澈空气、亮光、套装盒上的颜色。她在被遗弃的小型露营地与高地牧场的山谷发现，在一个具有视觉冲击的社会，很多成年人都有将世界看作死物的习惯。大多数成年人会本能地忽略他们看到的东西，比如他们认为萤火虫每次闪光时都在向上飞，却未发现这些是光学（但真正能感受到）幻觉。他们将自然与景观视作一成不变的静物。他们错过了Hinchman在梭罗期刊上到处都有的，由光与色彩揭示的无处不在的流量；他们也错过了隐含在“健康独居和挚爱之地紧密联系的生命记录行动”[1]中的机会。相反，大部分人终日盯着屏幕。他们被训练（或自我训练）得无法欣赏路边变化的色彩；他们不去寻找，不去看，不去回忆，也不从汽车里走出来。

她勇敢地说道，相较于任何其他的冥想治疗，“我倾向于独自行走。放下一切如书本、音乐、电影、杂志、交谈等需要花费注意力的事物；走到外面去，是一种必要的社交行为。”运动，特别是行走，让血液充满氧气。有时她也想，也许行走可以通过某种类似于瞳孔遇到周围光环境收缩扩展的方式，提高视锥细胞性能。最终，Hinchman关心的是结果而非机理。“最好的是开始一段漫步，向着不确定的目的地，或者向着一处地标前行。”[2]她的书在1997年问世。那时很多

[1] Hinchman, *Trail*, 24-25, 103.
[2] Ibid., 122-125, 150, 15, 88-89, 92.

人，尤其是年轻人，已经开始戴着耳机，揣着播放器到处走了。如今，当他们戴着耳机，盯着手机屏幕，读着短信，无视周围的一切时，此书的主题显得更为强烈且令人担忧。

将一个人在日常漫步或快步行走时看到的一切拼凑起来，仅仅需要意愿与联系的能力，而并不需要电子设备。日常记录肯定是有帮助的，但是持续仔细的观察更为重要。仔细的观察会给人惊喜，激发好奇心。另一方面，随意而漫不经心地探索景观自身就是一种疗法和魔法[1]。

正规教育会伤害孩子们的视野。Herbert N. Casson断言“学校致力于将知识塞进孩子们的脑袋里”。这种方法非常成功，但孩子们还没到十四岁前就不爱提问题了，也很少注意周围，或很少问校外事物的问题。他在1936年的著作*The Priceless Art of Observation*中强调很少有成年人，尤其是住在城里的成年人，会将注意力放在他们周围的事物上。此书的内容预言了Stanley Milgram与其他社会学家在20世纪70年代的发现。Stanley Milgram发现城市居民几乎毫不关心所有的视觉与精神刺激。对Casson而言，教师过分强调知识与事实，它破坏了义务教育开始前人们训练出来的想象力：如果有成年人鼓励，完成正规教育且仍具有好奇心与视野的学生能找到更好的职位。举例而言，在制造业和零售业中这些拥有“敏锐洞察力”的学生能识别瓶颈或潜在的革新机会，正如房地产行业通过寻找大多数专业人士忽视的细节来提升工作方式与成果。可是，没有几个成年人会帮助那些少数在20岁左右仍能自发观察、探索的青少年。这些孩子会在五年后发现自己可以得到很好的回报，并且能在户外愉快自足地独自漫步[2]。

在Karlsson之后的几十年，受过良好教育的成年人开始思考关于警察的问题，包括穿着制服的巡警和几乎无法辨别的便衣。这些警察在城市街道巡逻时会观察到什么呢？当乡下的副警长和驻守纳瓦霍部

[1] Stilgoe, *Outside Lies Magic*. See also Solnit, *A Field Guide to Getting Lost*.

[2] Casson, *Priceless Art*, 35, 86-87, 160-161. See, for example, Milgram, “Experience of Living in Cities.” Many police officers prize the observational skills their teachers ignored or deprecated.

落（Navajo Tribal）的警察望向几英里外的土地时，他们会意识到什么可能会吸引 Abbey 和 Hinchman，但却会吓倒大多数美国人吗？在与蜘蛛有关的古英语中，“attercop”一词是现代英语“cop”的词根。如今的警察抛弃了拖网，但过去中世纪英国人知道警长（原文为郡守或郡治安官，中国无对应职位）和地方行政官会携带他们的“copwebs”（蜘蛛网，后来拼法被改成“cobweb”）。守法、纳税、受过良好教育的成年人常常害怕警察，不信任警察，但警察很少发现这种感受。警察们观察力敏锐，一般需要长时间观察，分析他们注意到的事物。警察的工作没有太多薪水，但他们的日子过得惊险刺激。警察们花大量的时间观察四周，记下每个有可能与预防犯罪、解决犯罪有关的细节。但他们通常在学校里成绩不佳，他们会经常望着窗外，看似注意力涣散，也从不在完成任务前告诉他人自己发现了什么，或者哪些活动令他们感到快乐。他们的许多工作是前瞻性的，并涉及创造景观的过程。他们通常一边创造景观一边思考不同的问题。Eric Partridge 的 *A Dictionary of the Underworld: British and American* 一书是了解警察与发现事物的一个方法。从书中读者能知道“panel-houses”“shelfs（不是 shelves）”“drying rooms”和“touch-offs”等词指的是什么[1]。接到报警后，警官会讯问巡警在上一周的橡树街（Oak Street）注意到了什么。警官（还有受害者与纳税人）期望巡警能记住一切事物，从停在车道上的生锈的绿色货车、未修剪的草坪，到浑身沾满泥巴、四处奔跑、被主人宠爱的哈巴狗。

警察会关注其他细心的观察者。不管是过去还是现在，警察都不太相信他们，尤其是观察者带着大型相机（有时还有三脚架）的时候，但通常他们会发现这些观察者并没有什么特别。有时他们警告观察者在犯罪高发区和其他危险地方游荡时，特别是在流浪汉、重罪犯与瘾君子集中的地方时，应当注意些什么。通常警察会表示他们对景观的一切组成部分都十分感兴趣，比如每个地方的光与色彩、自然界在特定区域的工作方式（道路伸展前会先冻结，雨水排水口太小无法

[1] Grose's 1785 *Classical Dictionary of the Vulgar Tongue* is also useful.

处理倾盆大雨，连接公寓大楼到附近商场背后停车场的道路，边上的沼泽与洼地）、地区的历史和这些地区未来可能的样子（你知道吗，这里以前有一条铁路，而且以后这条铁路可能会被重建）。作为一个集体，警察也许是观察者群体中最细致的。

每个个体都可以创造景观，但不是通过过度开发地球、建造建筑、乱砍滥伐树木。正如梭罗所言，农民拥有土地，但是善于观察的徒步者可以欣赏到土地独特的风景。每个人需要创建自己与空间、与建筑物的独特联系。理解景观源于分析，源于质问，源于准确地聆听解释；源于文字，源于寂静，源于那些询问者为了正确的文字而抓住的东西。在景观魔术师的工具箱中，文字永远是至关重要的。

在美国西南部炎热且光照时间较长的沙地地带里，荒野的土地几乎主要用于放牧，品种主要是靠坚硬牛角进行自卫的长角牛。

——John R. Stilgoe

Chapter 2

2 从词典走进景观的语言魅力

词语发音能够解释隐含的背景。"moth(蛾子)"一词拥有两个以上的词源:它的复数形式"môthz"表达得更加有力和准确。但是词典编纂者对"moth"一词词根的看法有争议,他们认为这个单词隐含了在拼写和打印时难以发现的两种不同词根。通过观察使用者选择哪一种变体,人们可以发现该使用者的特征,尤其是他所处的社会阶层与国籍,或许还有其他被隐藏的信息。作者与读者倾向于忽视发音的问题,但这种倾向被证明是不明智的。

一位失意的英国小船船长曾在1971年如此断言:"'spreet'和'wangs'应当拼作'sprit'和'vangs'。但是我认为按照读音拼写更容易,因而我们无须担心拼法是否正确。'wangs'永远是'wangs','spreet'只能意味着'sprits'这个词。"[1]这位小船船长,D. H. Clarke,拥有一艘近乎报废的泰晤士小帆船,这是一艘长80英尺的货船,船身线条源自三个世纪前的荷兰样板。船只上使用的词语发音在很长一段时间里以一种独特、持久的形式被保留了下来,其中一部分保留了他们在17世纪时的荷兰名。这艘小船上充满了拼写方法正确但

[1] Clarke, *East Coast Passage*, 38.

读音大不相同的词语。木船爱好者鼓励船厂和渔民编写与木船有关的工艺品的书。通常这些图书作者缺乏编辑帮助，写成的作品往往只是被小规模打印出来，而不会正式出版。其中引人注目的是，这些书在不知不觉中使用了一些在沿海地区以外显得过时的日常用语。虽然这是一个表面现象，但是过时的词语为关于景观术语的问题提供了一个绝佳的导论，其中包括掩藏在发音中的通往词语古义的线索。

Paul Greenwood在1964年辍学之后便登上了帆船开始捕鱼，那时他只有16岁。在*Once Aboard a Cornish Lugger*中，他回忆了那些在陆地上早已过时的词语与短语，如“scruffer（擦洗工具）”“scruffing（擦洗）”“ tachins（旧词，无法查到原意）”“ maund baskets（藤篮子）” 和“raising a scry（用水晶球占卜）”，他只粗略地定义了这些词的意思。但是在书中他不自觉地使用了“bedtide”“scunned”这些过时的词汇，好像这些词在2007年仍然是英语中的主流词汇[1]。他和Clarke有必要面对残酷的现实。木船爱好者看到帆船索具的一部分或者看到与旧式渔网相关的某物漂浮在水面时，会问道：“这个部分叫什么?”通常，他们得到的答案与英语日常用语不同，这些答案不为词典编纂者或生活在内陆的人们所熟悉。这种状况让Clarke感到惊讶，如同他的帆船虽然在被暴风雨蹂躏过后漏水了，但他仍然设法到达了黑斯堡（Happisburgh）时感到的那种惊讶一样。那时，他得知当地人将这个地方念作“海斯布拉（Haisbra）”。

当内陆人阅读他的书时，他们在看到“ruck the tops'l”这个短语时往往会停下，甚至开始在词典中查找这个短语的含义，但收获甚少[2]。“rucking三角帆”意味着将三角帆的顶部降下，但不缩起（reefing）它的底部。“rucking（令某物起皱）”和“reffing（缩帆）”这两个词是地形术语中的“近亲”。起皱（ruck）的地形为背包客的徒步旅行带来挑战。暗礁（reefs）为所有试图探究本质景观的人们带来挑战。其中有些礁石在潮水上涨时也不会没入水下，他们为

[1] Greenwood, *Once Aboard*, 39, 48, 42, 16. Many editors would not let pass his vulgarities, I suspect.

[2] Clarke, *East Coast Passage*, 172, 195.

导航提供了帮助。它们提供的这些帮助将荒野转变成有形体的土地，进而转变成景观了吗?

语言为我们提供了线索。文字仅仅与土地相关。现代英语深深扎根于凯尔特语（Celtic）、古英语、古弗里西亚语，同时与古斯堪的纳维亚语（Old Norse）和古诺曼法语有着很强的重合。不断上升的海平面一度淹没了陆地荒野和一些景观。浅的、充满暴风雨的北海（由弗里西亚命名，位于其北）覆盖了位于今天的英格兰和荷兰之间的地方。古英语和古弗里西亚语之间已被证明有着惊人的相似点。现代英语使用者，尤其是生长在英格兰东海岸的人们发现他们知道一些古弗里西亚词汇，但对现代荷兰词汇知之甚微。弗里西亚语依然是一种存在于欧洲大地上兴旺的少数民族语言。大约有80万的荷兰人和德国西北部的人仍在使用这一语言。古斯堪的纳维亚语（Old Norse）造成了斯堪的纳维亚人（Scandinavian）对沿海居民的偏见，这些人被海盗入侵所扰。800年到1066年间，挪威人在此定居，永久地改变了这一状况。诺曼法语，如今仍被法学家称为法律法语，这种语言随着诺曼征服到达这片土地，出现在大不列颠海峡群岛的口语中，存在于法律记录尤其是古老契据中，它们常常让美国律师与地主们困惑。人们可以在Randle Cotgrave与1661年所编的*Dictionarie of the French and English Tongues*和1932年、合计五卷的*the five-volume Dictionnaire universel françois et latin*中找到许多从中摘选出的相关信息。第四卷中对“pays”的解释是个好的开始。景观与乡村之间的联系确实值得用一本长篇的书来讨论[1]。如何将“landscape”一词翻译为其他语言一定让英语母语且拥有第二语言的旅行者困扰。但是“pays”与“landscape”差别太大[2]，不可能作为景观的代名词。这不是狡辩。对于当代在法语与英语间进行翻译的人来说，思考大地干燥的表面和害怕在巨浪中游泳一样，是重要且不方便的。

优秀的现代字典，尤其是《牛津英语词典》（*Oxford English Dic-*

[1] See, for example, Roupnel, *Histoire de la campagne française*.
[2] Some scholars wish it were: see, for example, Muir, “Conceptualizing Landscape.”

tionary），会追踪词语的词根和在不同时代的用法。但是其他词典会做得更好，比如Walter W. Skeat于1881年所编的*Etymological Dictionary of the English Language*（《英语词源字典》），Joseph T. Shipley于1945年所编*Dictionary of Word Origins*（《词语词源词典》）和Eric Partridge于1959年所编*Origins: A Short Etymological Dictionary of Modern English*（《起源：简洁英语词源词典》）[1]，这些词典甚至包括了词语的古老词源。Abel Boyer于1699年所编的*Royal Dictionary*（《皇家辞典》，在他死后很长一段时间进行了多次修订，1819年词典加入了"海洋术语与海上常用短语"），Samuel Johnson于1755年所编*Dictionary of the English Language*（《英语词典》，常被修订），William Falconer于1769年所编*Universal Dictionary of the Marine*（《通用海事词典》，常常更新），James Orchard Halliwell于1859年所编*Dictionary of Archaic and Provincial Words*（《本地词源：地质名称词源词典》）为Jürgen Schäfer在他1989年所编的*Early Modern English Lexicography*（《早期现代英语词典》）中纠结的，和Laura Wright于1996年所编的*Sources of London English: Medieval Thames Vocabulary*（《伦敦英语源头：中世纪早期泰晤士词汇》）中提出的那些由单词在神秘的当地用法中拥有特殊含义而产生的问题。Francis Grose于1785年所编的*Classical Dictionary of the Vulgar Tongue*（《粗话经典词典》）横空出世，同时John Russell Bartlett于1785年所编的*Dictionary of Americanisms: A Glossary of Words and Phrases Usually Regarded as Peculiar to the United States*（《美国英语词典：一本满是美国人觉得古怪的词语与短语的词汇表》）预示了*Dictionary of American Regional English*（《现代美国地区英语词典》）的诞生。但是没有任何一部词典是完美的，因为没有人是口语英语和书面英语的绝对权威。

《牛津英语词典》常常被视作判断词语正误的依据，它收录了词语的古今用法的内容，却常常缺少景观研究者们所需要的名词信息，尤其

[1] All devote space to disputes too often condensed in the *OED*, and all figure in this book: see, for example, Partridge, *Origins* under "beck" compared against Onions, *Oxford Dictionary of English Etymology*.

是关于沿海地区与农业词汇的信息。1914年出版的*Century Dictionary: An Encyclopedic Lexicon of the English Language*（《现代词典：英语语言百科全书》）用12卷的篇幅说明了这个问题。正如Boyer在翻译时所发现的那样，将景观词汇从英语翻译为法语会令人发狂，将其他地方的景观词汇翻译成法语更加困难，而翻译沿海水手们使用的词汇所带来的烦恼简直无法计量。《牛津英语词典》虽然解释了"culvert（涵洞）"一词的背景，但是这一词汇来源不明。它在1770年出现，却并不来源于拉丁语或法语（没有任何可能与"culvert"相关的联系），它也许来源于运河工人的口头用语。和"tunneled drain（隧道排水管）"这一词语一样，它在18世纪末的工程文件中完全定型。*Century*杂志的编辑们很难理解，一个在非洲—巴拿马地区意味隔离沙滩的内陆盐水的词汇，是怎样影响了向西数百英里外的格鲁吉亚（Georgia）沿海的（详见"swash"和"swashbuckler"等条目）。仅仅在6年后，A. Ansted，一位词典编辑专家，在*A Dictionary of Sea Terms*（《海洋术语》）中注明"swash"指的是出现在潮汐通道的浅滩，通常出现在河口；而"swash-way"指代的是横穿河口浅滩的通道，它由一组特殊的潮水造成，而潮水也阻止了通道淤积。Ansted知道这一词语只在英国东岸的一个港口为人所用。他也知道水手和受过良好教育在伦敦外航行的小船船长们将这个词念作"swatch"[1]。学者对古今景观和建筑用语抱有兴趣，之后他们发现了词语各种各样的变体与意义。举例而言，在16世纪的意大利，一些威尼斯词语在佛罗伦萨（Florence）有着完全相反的意义[2]。在位于英国东岸，名为洛斯托夫特（Lowestoft）的海港小镇上，人们将通往大海，坡度陡峭的狭长地带称为"scores"（源自古英语中的"scor"，意指20，由计数棍上的长凹口表示）：这一古代词语现在仍被人天天使用，这件事似乎逃离了词典编纂者与城市设计师的法眼[3]。任何探究景观词汇

[1] Ansted, *Dictionary of Sea Terms*, defines alongshore terms well; see also Waters, *Severn Tide*.

[2] Thornton, *Scholar in His Study*, addresses such differences brilliantly; see esp. xi, 6, 15-18, and passim.

[3] Butcher, *Lowestoft*, 12-13. In fairness to urban designers, scores are rare in American cities and towns.

的人马上会被很久以前受过教育的人们使用的词汇所启发，但是他们从未思考这些词汇背后复杂的指代关系。

但是词典学的复杂性几乎不能阻挡当代理论家强化词典中景观部分的含义。对于大多数理论家而言，《牛津英语词典》有着绝对权威性，它是不可置疑（也未遭质疑）的标准。当然，这是出版方所希望的：《牛津英语词典》起源于英国的鼎盛时期，同时也是当时强大国力建设的重要力量。19世纪，英国词语学家错误地翻译了“landscape”，导致20世纪30年代的美国学者将这个词理解为地理学科的一部分[1]。他们当时猜测可能是“landscape”的德语词根造成了不寻常的紧张气氛，如同那些近来尝试用“pays”代替“landscape”指代景观（在英国和美国地理理论中的意义）的现代运动所造成的紧张一样[2]。19世纪80年代的德国地理学家与英国翻译家忽略了J. ten Doornkaat Koolman在他1882年出版的*Wörterbuch der ostfriesischen Sprache*（《弗里西亚语词典》）中暗示的，和Jan de Vries与F. de Tollenaere在他们的*Nederlands etymologisch woordenboek*（《荷兰词源词典》）中标明的信息，“uitgestrektheid land”这一词语指的是从一定的高度鸟瞰土地，但这高度只是略微高于平视。在1598年左右，这一词语被认为是英文词汇，之后与其他一些重要词汇混淆[3]。德国专家没发现（也许故意）现代荷兰词语“landschap”所有的古弗里西亚语和西弗里西亚语词根。尽管弗里西亚语和荷兰语词典编纂家做出了极大的努力，但是很少有英语作家会用他们的词典代替《牛津英语词典》。这一现象仍然体现着人们对基于方言、口语、工人阶层的术语，抱有偏见，支持文艺主义的中产阶级等维多利亚时代偏好的词典[4]。它的编辑从未对“culverts”一词产生过多大兴趣，更别提那些创造、使用他们的人了。1988年出版的*Chambers Dictionary of Etymology*几乎没有

[1] See, for example, Boileau and Picquot, *New Dictionary*, under “landscape.”

[2] Olwig, “Recovering the Substantive Nature of Landscape” is a good introduction to recent thinking.

[3] De Vries and de Tollenaere, *Nederlands etymologisch woordenboek*, under “landschap.” See also their *Etymologisch woordenboek* under “landskep.”

[4] Willinsky, *Empire of Words*, esp. pp. 92 - 127, 195 - 198.

对“landscape”一词进行过研究。

Hinchman认为，在儿童时期学习绘画能帮助成年人抵抗由当代大众媒体、电子生活带来的视觉海啸。了解景观术语，积极思考这些术语的含义，能强化处于褶皱空间中的人们。今天，心怀天下的徒步者发现固执不变的力量只能在远离城市的地区或仅在当地有效，偶尔也会在城市边缘有效。有时候他们从上面走过，好像一名正在细心阅读交通运输、旅行记录和犯罪小说的读者，同时随意地参考着《牛津英语词典》。

查阅词典和其他参考文献，包括那些古老版本的百科全书、地名词典和*Roget's Thesaurus*（不是那个后来合并到文字处理软件叙词表），是一种探究景观的方法[1]。收集旧字典和其他参考作品往往不会花费太多。建立一个小而实用的图书馆的费用不会高于探险家在大雨、彻寒和大风中穿戴高科技装备的费用。在查询许多当地作品或特色作品之后，一个人才会发现他开始直接体验的频率。Halliwell所编合计两卷的字典源自他徒步时的细心观察和听到的当地人叙述，还有最重要的是思考他看到的一切。他在1861年出版的《漫步于西康沃尔郡》（*Rambles in Western Cornwall*）中回忆了被他称为“扰乱”的偏离路线与道路。穿过田野、通过树篱的经历，这是为了寻找只有乡下老人叫得上名字的老古董们[2]。在沿岸有一种被他们称为“acker”的短暂现象，这是一种“在河水泛滥时出现的涡流，对驳船船员来讲十分危险”的情况[3]。他们知道这些词语是因为他们知道这些词语指代的往往是危险，甚至致命的事物，即使这些事物只在当地出现[4]。这超出大多数词典编纂者的眼界，位于“landscape”和景观之间。

古老的沿海景观术语很少让人感觉温柔。它在诺曼群岛（Norman Archipelago）、根西岛（Guernsey）、泽西岛（Jersey）和其他海峡群岛这样的地方存活下来（有时候繁荣）。虽然这些地方自很久以前

[1] Manguel, *Library at Night*, explores the personal library as a sort of landscape.
[2] Halliwell, *Rambles*, esp. 181-184: Halliwell was often off the road.
[3] Halliwell, *Dictionary*, under “acker.”
[4] The twirling seems to have been something other than a bore: see Stilgoe, *Shallow-Water Dictionary*, 28-30.

就是英国的一部分，但是这些地方既不说英语也不说法语，他们的口音深深扎根于古诺曼语中，并混有古斯堪的纳维亚语和古弗里西亚语的味道。这种被贬低（在英国和法国）、过时的方言激励着语言学家，他们发现它是神秘的，并且有着丰富的词根。在根西岛、泽西岛和奥尔德尼岛（Alderney）上出现的“-ey”是古斯堪的纳维亚语中的“island”、弗里西亚语中的“ger”，意指水草丰茂，或许和它合并起来产生了根西岛（Guernsey）这个名字[1]。读音和语法，尤其是鼻辅音，是区分方言的核心，但是根西岛法语和它的近亲共有着独特且有弹性的词汇。学者倾向于甄别该语言的常规使用者，他们被其他人称为“社会经济地位低”的人。除居住在岛上的仅有的几个城镇之外，每个岛屿都拥有多个有细微变化的子方言[2]。但是这些语言使用者理解一种拥有丰富的描写植物、鸟类和其他不令岸边渔民和农民感兴趣的词汇的语言，它扎根于拉丁语和一系列近乎语言征服的过程中[3]。

在靠近诺曼底海岸的圣马洛湾（St. Malo），任何耐心的旅客都可以学习从拉丁语、古斯堪的纳维亚语、古弗里西亚语和几个不同时代的法语和英语中演变而来的语言。“country”是从海中收复的领域，“caoste”是海岸，“bequet”是土地的末端，“micelles”和“dicqs”是沙丘，“friquet”是荒芜的土地，“preel”是一个小草甸，“bigard”是三角形的土地，“vazon”是盐沼，“nocq”是一条狭窄的通向大海的沟渠。群岛语言大多与海洋有关，包括一整套描写帆船索具的术语和另一套描写不同类型的袭击岛屿的波浪的术语[4]。1855年后的15年间，小说家Victor Hugo（维克多·雨果）政治流亡在群岛，他当时做的不仅仅是写《悲惨世界》（*Les Misérables*）和其他小说，还研究了岛上的方言。他将《海上劳工》（*Toilers of the Sea*）的故事背景放在岛上，并以使用方言闻名，以至让它成为了现代法国的同义词。在描

[1] Jones, *Jersey Norman French*, 7-12.

[2] Lukis, *Outline*, 1-6; see also Jones, *Jersey Norman French*, 45-49. In 1960 Peter Kennedy recorded many archipelago terms: see his *La Collection Jersiaise*.

[3] The Baltic island of Bornholm offers a comparative example: see Thygesen and Blecher, *Swedish Folktales*, esp. xiii-xxix.

[4] Vocabulary from De Garis, *Dictionnaire* and Lukis, *Outline*.

述一个海岛人抓章鱼引人入胜的章节时，Hugo将群岛术语提高成为长久的标准法语词汇。

直到20世纪晚期，这本小说都没有准确的英译本。第一位翻译因不熟悉语言而放弃。“水下的卵石像长着绿头发的婴儿的头部，春天唤起的是宇宙的美梦。当然，梦魇般的章鱼解剖过程伴随着单独的孔。”Graham Robb在他为James Hogarth的现代译本的序言中如此写道。Hugo热爱“英语嘎嘎的辅音”，但是他错误地理解了发音，将“fagpipe”发成“bug-pip”，“Dike”发成“dik”，以及其他被英国批评家指出的错误。但直到最近，英语翻译都忽略了一整个章节，“The Sea and the Wind”。它是关于扫荡岛屿的大风暴，以及防波堤[1]。Hugo误解了“dike”的发音，但他知道“dike”的作用是防止水流过：他的翻译用“dam”代替了这个词，这是一种保持水在其内部的堤坝。

翻译人员编写了一个早期章节“海洋的旧语言”，其中Hugo不仅展示了群岛航海术语的丰富性和他们的发音造成的困难，还描写了他们与1820年后与法国人发生冲突的力量。“一位专业考古学家可以去那里研究古代工作船上使用的语言”，他总结了在岛与岛之间不同的用语，并揭示了很多深刻的起源。但是，即使是“patarasse”一词，Hogarth也错误地翻译成“捻缝工的凿子”[2]。同时“Jersey cannel”作为一个诺曼—拉丁语的术语，它指一种不为内地人所知的新英格兰盐沼建筑形式。这种建筑形式是一条沟渠，但不同于城市天沟，却为沼泽杨基佬河口（swamp-Yankee）冒险家所知[3]。

海峡群岛语言为景观和语言打开了一扇灿烂的门户，Hugo的长篇翻译小说告诉当代读者，翻译人员经常错误理解那些难以捉摸的方言或源自过时语言的词语，特别是那些被水手精确使用的词语。智能

[1] In Hugo, *Toilers*[1888], 275, the line reads: “is a combination of what is called in France *épi*.”

[2] See Hugo, *Toilers*[1992], vi, xix-xxii, 349, 312, 439-440, 89-92. For an example of a nineteenth-century translation, see Hugo, *Toilers*[1888], which eliminates “La mer et le vent.”

[3] Lukis, *Outline*, 58.

分析师Robert L. Kaplan在著作《即将到来的无政府状态：打碎后冷战时期的梦想》（*The Coming Anarchy: Shattering the Dreams of the Post Cold War*）中警告道："比起《诺斯魔舰》（*Nostromo*）人们可能更熟悉《黑暗的心灵》（*Heart of Darkness*），因为后者相较而言更短，更适合略读，因为他有着浅显的阴谋和长篇幅的景观描述。"然而，在《诺斯魔舰》中，景观气氛是受到严格控制的，战略性烘托着政治现实主义[1]。Joseph Conrad明白景观和语言在涉水区中是变化莫测的，在那里陆地人民和沿海人民相遇，沿海人民不断见到陌生人。Kaplan说："这是对Joseph Conrad见解的致敬，他对卡斯塔瓜纳（Costaguana）及其港口苏拉科（Sulaco）的描述捕捉了许多关于陷入困境的第三世界国家（特别是小型和孤立的国家）的关键事实和微妙状况，如今外国记者不一定总是会告诉读者他们经历过的一切[2]。景观在群岛和其他水陆交界处有特殊的重要性，因为它反映了海洋力的衰退和流动，其通常在其尾迹中保留"ackers"。

正如C. S. Nicholls在*The Swahili Coast*注明的那样，阿拉伯语"swahili"指任何"属于海岸"的事物。他详细说明了1802年左右的阿曼（Omani ）贸易商开始使用这个词来指居住在东非海岸，从朱巴河（River Juba）北部到达南部的德尔加杜角（Cape Delgado）的人[3]。尽管被Ibn Battuta在1331年记录了一次，但是从15世纪开始殖民地区的葡萄牙人记录了这一术语：阿曼斯在殖民桑给巴尔（Zanzibar）时也许知道Ibn Battuta的旅行。英国人有可能从他们这里借鉴了个别词语[4]。在哥伦比亚沿海，当地人说的方言基于16世纪的安达卢西亚（Andalusian）语言。塞维利亚和加的斯（Cadiz）产生了许多水手，他们定居在那个海岸，并保持它即使在它独立后仍与西班牙连接。在著作《十六世纪西班牙美国词典》（*Léxico hispanoamericano del siglo XVI*）中Peter M. Boyd-Bowman不仅追踪了发音变化，还追踪了很久以前便过

[1] Kaplan, *Coming*, 159-160.

[2] Ibid., 160, 161-162. Conrad grew up speaking Polish; his superb English perhaps results from its being his beloved adopted language.

[3] Nicholls, *Swahili Coast*, 9.

[4] Freeman-Grenville, *East African Coast*, 27, 31.

时了的单词的意思，除了一些位于过去新西班牙的特定地方。他的著作《从拉丁语到诺曼语的声音图表》(*From Latin to Romance in Sound Charts*) 详细描写了早期新西兰殖民者如何启发特定地区的方言[1]。哥伦比亚海岸（以帆船航行的日子为Joseph Conrad所知）很穷，并且它大多数仍然和坦桑尼亚海岸一样，未曾被人发现。与世隔绝的状况保留了古老的术语，并经常产生新的词语；这里不受无线电，甚至电视的影响。

今天在新墨西哥北部的山区，大部分看似是西班牙语的术语，被证明了是阿拉伯语：在摩尔人占领南部伊比利亚半岛，特别是塞维利亚周围后，他们被合并为西班牙语。Navajo力学使用了一百多个现代Navajo术语来形容汽车零件和修理过程：他们轻易并自信地避开了英语词汇[2]。与世隔绝是很重要的，即使在城市附近。

马萨诸塞州南海岸和科德角人们仍然使用着和缅因州海岸相同的词语，缅因州南岸的居民在17世纪末定居：波士顿海港（Boston Harbor）、奥恩角（Cape Ann）和新罕布什尔（New Hampshire）海岸间词汇的发音和用语不同[3]。正如Raoul de la Grasserie在1909年的著作《不同社会阶层的方言》(*Des parlers des différentes classes sociales*) 中指出的社会、语法、发音和词汇不同，一类人往往避开农村地区，包括度假村时代之前的海岸。他们和受过教育的专业人士通常只知道主流语言，并且缺乏对当地景观术语（包括发音、内涵和民俗意义）的了解，更不用说拥有与之相关的知识。第二代受教育的人将其看作低阶术语：他们害怕使用这些词语会暴露词语的社会阶层的来源[4]。然而今天，"the bosom of the deep" 意味着平静的海中的膨胀；但这句

[1] Boyd-Bowman, *Léxico* proves magical to anyone traveling in Latin American back country: *From Latin to Romance* spices any travel in northwest France: "Regional Origins" pioneered much subsequent work by Latin American philologists, as my Latin American students attest. See also his "A Sample of Sixteenth-Century 'Caribbean' Spanish Phonology," in Milan, *1974 Colloquium*, 1 - 11.

[2] In the quiet of the dusty gas station bay I listened carefully.

[3] The folio maps in Kurath, *Linguistic Atlas* demonstrate variety still current in the region: the pronunciation of "boat" is especially revealing.

[4] Burke, *Popular Culture* offers a lucid introduction to class distinction after about 1500.

话还意味着隐蔽的入口，一个有着让游客困惑，并与怀俄明杰克逊洞(Jackson Hole in Wyoming）名字混淆的港口[1]。

当今的环球旅行往往采取城市游或沙滩游的形式，之后有时会有生态游。在加的斯，一旦入境口岸将西班牙和美国联系在一起，研究者会在塞维利亚港上游发现建筑学和语言的奇妙组合。直到20世纪初，瓜达尔基维尔河（Guadalquivir）提供了从海上乘坐帆船进入加的斯的选择。游览塞维利亚的游客可以欣赏被改建的清真寺和其他阿拉伯人15世纪末建造的建筑物，同时他们也可能听到与南加勒比地区相同的发音和词汇。在波罗的海，他们可能会在有月亮的夜晚，欣赏生物发出的光。但是当他们问瑞典语的时候，会听到“mareld”这个词[2]。在托斯卡纳（Tuscany）的海岸，他们也许会学到“maremma”一词，这个词语指曾经在夏天造成瘟疫的低洼盐沼。虽然沿海人民在他们自己之间使用旧的词，但是这些术语会流入游客使用的标准语言中并成为他们的新用语。但是当地人常常害怕被别人看作没有受过教育，因为贫穷，无法知道广播和电视是什么，所以他们往往会别扭地使用标准词汇。

游客（和旅游开发官员）经常奖励或忽略他们作为封闭和古雅的语言的特点，但学习地形词汇可以警示周边的旅行者封闭的重要性。在萨沃奇岭（Sawatch）南端，落基山脉（Rocky Mountains）分裂成西部的圣胡安山脉（San Juan）和东部的桑格雷-德克里斯托山脉(Sangre de Cristo)：季节性良好的圣路易斯山谷（San Luis Valley）是里奥格兰德河（Rio Grande）源头的一部分，包括壮观的峡谷北部的陶斯（Taos）。对当地人来说，整个地区，包括有着清澈的水底和白杨木、俄罗斯橄榄的小河，是“bosque”，小说家B. J. Oliphant在他的奇幻小说中细心使用了这一名词[3]。“bosque”是主流西班牙语中与为

[1] Bellenden, *Livy's History*, 449; Crouch, *English Empire*, 4:70. Asking people from Jackson Hole about the name of their town is fun, especially aboard the Martha's Vineyard steamer(and the distinction between those who call the vessel the steamer and those who call it the ferry rewards close attention).

[2] See, for example, Karlsson, *Pully-Haul*, 113: the translator leaves the word in Swedish.

[3] Oliphant, *Death Served Up Cold*, 1-3.

主流美式英语中“forest”同意的词汇，西班牙语的卡斯蒂利亚（不是塞维利亚）翻译成美国网络电视中出现的“forest”或“woods”。在圣路易斯谷，旅行者驾驶员询问肮脏的泥土道路时必须礼貌，有时他们要长时间听，直到当地人说了“bosque”一词。“bosk”指的是大树林中的矮小灌木丛或集群灌木丛，或者被公共线路人员、农场主和铁路工人称为“brush”的东西。

在他1859年的《美国词典》(*Dictionary of Americanisms*）中John Russell Bartlett将“brush”理解作为“bushwood（灌木）”的缩写，并强调它包括成熟的树枝[1]。游客从不使用“bush”，这是一个有力的澳大利亚术语，曾经在密西西比河以东的地方非常强势。“‘bush’这个词在美国保留了比在英国更忠实的荷兰语‘bosch’的原始意义，在那里它通常指灌木，而在这里意味着长有树木和灌木的区域，”Shele de Vere在他1872年的著作*Americanisms*中如此写道[2]。四十年后，在她的*New Dictionary of Americanisms*一书中，Sylva Clapin强调，这个词语表示长满灌木的土地；原始或原始森林；树丛；覆盖着树木的未开垦的土地[3]。但其他地方美国人仍然在说“sugar bush”或“maple bush”(特别是当寻找边界线或狩猎时)，也许是因为伟大的大草原先驱者在离开阿巴拉契亚森林（Appalachians forests，在密歇根州，在这里茂密的森林变成离散的树林零点的草原，开拓者将其称为“Opening”，这一形容方式影响了James Fenimore Cooper 1848年的小说*The Bee-hunter; or, The Oak Openings*）后倾向于放弃使用这一植根于荷兰语，广泛用于大西洋沿岸，并在里奥格兰德（Rio Grande）西部以略微不同的形式出现的词语只有在北大湖州（和在加拿大）的伐木工和澳大利亚人一样用“bush”[4]，来定义任何有或没有高大树木的穷乡僻壤[5]。

---

[1] Bartlett, *Dictionary*, 51.

[2] De Vere, *Americanisms*, 89.

[3] Clapin, *New Dictionary*, 86; see also her *Dictionnaire canadienfrançais under* “bois.”

[4] Cooper, *Bee-hunter*, 138. *Dictionary of American Regional English*, 475, suggests the term did not survive west of Indiana.

[5] Sorden, *Lumberjack Lingo*, 87-88.

沿着落基山脉的南部，法国的木船探险家抵达了那里（密苏里盆地之外的旱地使远航者和他们的独木舟偏转方向），他们边捕猎边前行，开辟自己的路，直到新西班牙最北端的前哨，在那里许多人定居下来。在圣路易斯谷，一些最古老的家族有法国姓氏，但是在那里"bosque"一词被广泛使用而不是"bois"，不是"bush"，不是"brushland"，甚至也不是"scrub"。尽管Washington Irving（华盛顿·欧文）在他1832年的*Tour of the Prairies*一书中指出"这是一项讨厌且烦人的行程，在整整两个小时间我们要穿过覆盖着怪异、稀疏的栎木林，中间还穿插着山脊。"[1]今天，一位步行前往波罗的海的旅客可能会背着"backpack（背包）"或"knapsack（小背包）"，后者也以"rucksack"为人所知。"rucksack"这个单词根植于古英语词汇"ruck"，意为皱纹，如Irving记录的那样被人们在峭壁和山谷中使用。在渐强的风中，一些游艇运动员仍然使用"scandalize the mainsail"这个短语指降低主帆上部但不收起底部这一动作：海员折起（ruck）船帆，使用着这个为空荡荡，几乎看不出形状的背包命名的词语，它是"wrinkle"的古老型式[2]。在西南地区，"bosque"现在不仅意味着一种植被，而且也指一种地形，一种褶皱的地形。

横跨加拿大的阿卡迪亚人（魁北克和其他东部地区一些法国家庭仍然跟随着被新英格兰乡下人称为"旧法国战争"的遗留物）居住区保存了八百个成语和许多习惯用语，这要得幸于16世纪中叶的作家François Rabelais[3]。纽芬兰外出村民使用"room"指代一个大家庭拥有的土地，任何家庭成员可以选择在这片土地建造房子[4]。所有旅行者、徒步者或划独木舟的人必须做的就是聆听。阅读是好的，但倾听通常可以获得更多的信息。Hinchman的判断是正确的：独自行走是一种冥想，一个人行走可以遇上懂得一些词汇的人，并展开一次简单的

[1] Irving, *Tour,* 135.

[2] Clarke, *East Coast Passage,* 157.

[3] See Manguel, *Library at Night*, 276-278, and Maillet, *Rabelais et les traditions populaires en Acadie*.

[4] Landscape architect Matthew John Brown of Fogo Island, Newfoundland, introduced this word to me in December 2014.

交谈。

很少有景观研究者会从看似未受过教育的人身上学习，包括儿童，主要是因为大多数研究者受教育程度良好。但是被研究者错过的关于光、色彩、气候条件和当地人重视的一些景观相关的词汇，通常是很重要的。“现代着重于‘读写能力’的人经常忘记事情，那些从未学过阅读和写作的人，比会读写的人拥有更强的记忆能力。”Ernle Bradford in 在*Mediterranean: Portrait of a Sea* 中如此断言。记忆经常以口述形式传播，就像用口语和聆听的方式让接受大学教育的人们对《奥德赛》（*The Odyssey*）、《伊利亚特》（*The Iliad*）或《贝奥武夫》（*The Odyssey*）进行传播。“视觉记忆在男性中更加发达，与生活中简单元素贴合得更近的人也同样拥有敏锐的感觉。”Bradford 说道[1]。他大部分时间生活在地中海，有时驾驶一条小船去参观莱万托岛（Levanzo）和其他偏远的岛屿。正是因为他在Malta的努力，成千上万的方言词的词根被记录了下来，甚至不识字的当地人对千年塑造的景观的理解方式也被记录了下来。通过对光线、色彩、天空、灌溉沟和羊肠小径，以及军事、教会和民用建筑的关注，Bradford发现渔民、农民和其他对知识使用比较简单的人已经落后于同时代“受过教育”的人了。虽然不像英国诗人和散文家Robert Graves在Majorca生活一样复杂[2]，但是Bradford对孤立地区词汇的理解是更深刻的。他知道Sicilian的渔民可以判断风，马耳他（Malta）的农民可以做出三个月的精准天气预报，以及无数的建筑形式评论。与Graves不同，Bradford没有受过古典教育。他在第二次世界大战时在皇家海军服役，期间他初次到访地中海，从此一见钟情。后来他经常驾驶一艘小帆船往返于那里，之后再也没有离开。与大多数旅客相比，Bradford有足够的时间去了解当地人知道的东西。他与穷人和受教育程度低的人交流没有任何障碍。

旅行者、观光者、访问者、战地记者、学者和驻军，甚至难民，往往不了解当地人知道什么。有时候，一些问题会让当地人感到尴

[1] Bradford, *Mediterranean*, 242-243.
[2] For an introduction to Graves's poetry, see *Selected Poems*.

尬，令他们保持沉默。但通常情况下，一般问题只会得到一般的答案；假如当地人知道询问者打听的词汇，会以一般的形式提供自己的答案。例如询问关于农具名称的问题，人们经常得到常见的答案，而不是一个显示了更丰富的起源和用法的本地使用方法。只有当来自远方的探求者从侧面委婉询问时，才能获得当地人未曾准备的答案。

大多数正序词典（包括翻译词典皆是此类）有时不如主题词典，这些词典被词典编纂者称为专业词典。同类词汇编词典是其中最著名的主题词典，它根据一些较大的框架将同义词和近似同义词分组。Peter Mark Roget于1852年出版的《英语词汇与短语集》（*Thesaurus of English Words and Phrases*）为读者提供了17世纪（和更早的）词典所做的一系列词汇[1]。专题字典，特别是基于方言的字典，确实很少。但是想象词作为景观研究者使用的较大集群词汇的一部分，特别是在外国的农民、渔民和其他与陆地和海洋有密切关系的人中，一个看似普通的词经常会有意想不到的收获。直到大约1800年，许多旅客携带主题翻译字典，而非正序词典，部分是因为他们经常与未受过教育的人打交道[2]。

没有字典记录每个词条的每个含义，但是旅行者的听觉是敏锐的，有时候一些提示就会让人发现景观和语言之间的细微差别[3]。

在所有沿海地区，特别是在法国西北部、低地国家、德国的西北角，以及更多在不列颠群岛和北美大西洋海岸的地方，善于旁敲侧击的询问者的一个认真的审查、一次委婉的询问和一场耐心的聆听，都会对学习词汇产生飞跃性的进步。“gut”一词通常指狭窄的通道，与“gatt”（河口宽阔的开口）有关：马萨诸塞湾的赫尔海峡（Hull Gut）是狭窄的，深且危险；泰晤士河口的渔人码头是宽阔和容易航行的。他们的名字来自古弗里西亚语和古老的荷兰语词汇[4]。在通过水闸排水的盐沼和其他低洼地区，行人经常听到“gate”和“gateway”两个词。词典学家对被《牛津英语词典》称为“gate”的“不可告人的词源”所知甚少。

[1] Roget, *Thesaurus*, sec. 350. See also Roget, *New Thesaurus*, sec. 350, which adds “tedge.”
[2] Hüllen, *English Dictionaries*, emphasizes traveler use of topical dictionaries.
[3] Aitchison, *Words in the Mind*, esp. 12-13.
[4] Ansted, *Dictionary of Sea Terms*, deals well with the two terms.

这个词在古英语中是古老的，与古弗里西亚语中的“gat”和“jet”相对应，意思是一个洞或开口；与古弗里斯（和古斯堪的纳维亚）术语中的荷兰“gat”完全相同。但它的发音与现在的英格兰地区不同，在诺森伯兰（Northumberland）和德文郡（Devon）北部和肯特郡（Kent）作为“gat”幸存下来（虽然这个词本身不是现代“get”的根源）。讲英语的地方与讲弗里西亚语的地方联系得越多，这个词在当地的读音与主流英语不同的可能性就越低。但是要再次说明的是，当地人知道“gate”和“gateway”是一种专门建造、安装在堤坝中、通过水喷流控制洪水的装置；一个开口由板控制，一个开口连接水槽和海。每个人都知道，如果没有维护，闸门在大风暴中会违背人们的意愿，它让海水通过，失去应有的功能；或被碎片堵塞，结束了排水的可能。即使在偏僻的、几乎没有人烟的沿海地区，或者不能进行耕作的地方，大多数水闸都会照顾到。

但在斯堪的纳维亚、挪威、瑞典和丹麦，“gata”指狭窄的街道或胡同，与德语中“gasse”同义。“gasse”一词的繁茂短暂地影响了英语词汇的发展。斯宾塞（Spenser）时代，在伦敦东北部，“gate”也被用于街道命名，但是这一用法已经消失，现在这条街道已经崩溃成了废墟[1]。“running”是一个意思，“running agate”是另一个意思。“runagate”对烦人的城市设计师，甚至游荡者来说，是一个很有用的词。有时候，守门员守卫小巷，防止游荡者的骚扰；有时候，“runagate”意味着惊人的、迷宫般的小巷，像J. K. Rowling的《哈利波特》（*Harry Potter*）中的Diagon Alley一样。门通常有守卫，但守卫通常是懈怠的。

沿岸的徒步者发现几个被毁坏了的门。当地人热衷于谈论他们知道海在哪里可能很好回报。创造景观是一回事，保持景观是另外一回事，保持海洋景观考验人类意志，也考验着语言的传承。

向当地人询问遗址会使他们暂时停下手头的工作，但是会注意到这样一个情况，人们到了最近的遗址上会停止谈话，甚至让当地人离

[1] Spenser, *Faerie Queene*, I.i.13. See also Skeat, *Etymological Dictionary*, under “gate,” and Shipley, *Dictionary*, under “runagate.”

开。遗址除了有入口摊位和洗手间的指南，以及一路向下游荡的旅行大巴以外，只会对当地人造成困扰，因为这些会迫使他们联想到过去失败的记忆[1]。遗址景观中有很多被遗弃的垃圾，比如珊瑚礁和暗礁，这些垃圾会对海洋探险形成安全隐患。Bradford对这些隐患了解得很清楚。具有500年历史的废墟遗迹，为农民和渔民开阔了视野。在沿海，人们会常常听到陌生人、外来人和遇到麻烦的人谈论废墟遗迹的声音。“清澈的海岸”意味着走私的开始。人永远都注意着入侵者，特别是那些在黑暗中或在迷雾中的人。

1960年，考古学家Helge（黑格尔）和Anne Ingstad在北部罗得岛（Rhode Island）工作，试图将港口和其他沿海特征与当今格陵兰（Greenland）以外的挪威传说提到的那些相联系；抵达纽芬兰北部的鲍德尔港（Bauld），一艘小型的医务船正驶向偏远的村庄[2]；他们问当地人有没有老土堆或长期被遗忘的建筑物的踪迹。一位商业渔民George Decker建议他们在Black Duck Brook一座名为Lancy牧场的开放区看看，随后他们发现并挖掘出了北美第一个已知的挪威定居点，即今天游客参观的兰塞奥兹牧场（L’Anse-aux-Meadows）。像Ingstad一样的研究者似乎是很走运的。Decker，因其观察技能和细心在当地闻名，他注意到极小的草的线条，那些草没有成堆生长，也没有一个共同的基础，但是Decker认为他们值得被关注。他的本地发音提供了信息，尽管其中有着过去的地形拼法[3]。

任何新来者，特别是在这做短暂停留的人，必须努力注意和理解当地人眼中被遗弃、舍弃、毁灭的景观碎片，那些东西通常不会被大声提及，因此经常在言语中被破坏[4]。在纽芬兰南部的缅因州海岸，观光者有可能会看到被大风摧残的树林和其他由撤军产生的石墙和地窖的遗迹，如果没有被彻底破坏的话。Gerald Warner Brace经常在夏

[1] Stilgoe, *Old Fields*, esp. 221-250. See also Stilgoe, *Metropolitan Corridor*, 335-346.

[2] On the contemporaneous background of their search, see Mowat, *West Viking*.

[3] Whiteley, *Northern Seas*, 217-220.

[4] In regions where industrialism has failed, this proves especially apt. Old men grieve for the abandoned factories in which they once worked, often seeing them as monuments to capitalist betrayal.

天长期进行访问研究，他非常想知道眼前所见的本来面貌，因此他愿意耐心地询问当地人，但当地人经常不愿回答。最后他得出结论是“人可以领会自己触及不到的所有地方”。气候、天气、贫瘠的土壤、经济衰退等挑战击败了人性和人的力量。那些保存完好的小型咸水养殖场被树林掩盖了踪迹，在那里游客十分热衷玩捉迷藏的游戏。每个现存的农场都“拥有一个坚强的身体和灵魂，保持它一生中的每一天都可以从光明到黑暗。”在Ingstad被发现六年后，Brace在*Between Wind and Water*中如此写道。在一个气候寒冷、土地贫瘠的地方，Brace总结道：“在一个强大而有能力的人的世界里，工作的信仰是好的。但是当工作太多，而身体太虚弱时，就会导致绝望，或者只是失败，或者辞职，或者产生不可察觉的沉沦和放弃。”[1]

他的书把最重要的一个焦点放在了任何一个徒步者都放弃的新英格兰北部，大约在1850年以后，被徒步者放弃的区域进一步向北扩展了。Brace注意到：“农场所在地可能正面临着在腐烂和废弃物中崩溃的情况，甚至许多曾经美好的事物。也许是那些把文学作品中经常出现的有力量的任务召集起来的女人一样，将自己奉献给圣洁和虔诚。”最后，Brace关于新英格兰北部是广大寒冷的土地的结论是真实的，特别是当人们放弃设置陷阱诱捕动物、狩猎和捕鱼之后，同时又没有石油或矿物促进经济繁荣的情况下：“东北沿海的生活被认为是太过寒冷的，以至于难以拥有像样的文化。他们全年都在和寒冷的天气做生存斗争。”[2]无论多么有礼貌，夏天的游客总会站在废墟上评论当地人的企业可能会遇到什么问题。在秋天，甚至在夏天，当厚重的云彩遮住了太阳，他们知道这些企业是羸弱的（pendling）。“pendling ”是一个旧的新英格兰术语，是形容女人的词，这个词语本身就有毁灭的意思[3]。

Brace喜欢方言。作为英语教授、有资质的业余小船水手和有着

[1] Brace, *Between Wind and Water*, 61-62.

[2] Ibid., 62. On abandoned landscape and its meanings to locals and newcomers, see Stilgoe, *Old Fields*.

[3] Cassidy et al., *Dictionary of American Regional English* cites it: few other dictionaries do.

强烈耐心的人，他吸收了一些词汇和发音，特别是儿童和老人使用的。他厌恶大量的媒体对词语的扭曲，特别是“northeast（东北）”中“nor’east”，这一发音在新英格兰海岸不为人知，当地人只会说“northeast”。在东方罗盘象限中四个方向有着相同的缩写方式，但是在西方没有，因此“sou-west（西北）”仍然充斥在日常对话中。Walt Whitman知道，人们的演讲掩盖了许多语言的宝藏[1]。现在电子媒体推进了公共学校词汇课程，大众传播杂志开始将词汇标准化，但是词汇运用的破坏阻碍了景观学的研究，甚至闲暇时所做的一切研究也被遗弃，慢慢过时，渐渐变得没有进展。

因此，旧字典很重要，虽然他们自身常常已是废纸。第二版*Webster's New International Dictionary*出现在1934年，十三卷《牛津英语词典》出版了一年以后。它包括60万个词语，分布在3400页中，因此很快在美国大规模出版并树立起权威。1961年出现了它的继任者，*Webster's Third New International Dictionary*：它有大约45万个词语，其中包括10万个新词，共2726页。但它的出版商放弃了其中25万的词汇定义[2]。1934年，人们可以廉价地从固定市场和跳蚤市场购得该字典，并带回家或绑在自行车后架上[3]。任何对词汇感兴趣的人都能够从探索主题中获益。其他老字典也有参考价值，特别是在1915年之前出版的多卷版*Century*（《世纪字典》）对随时间变化的景观有很大的研究价值。

1837年，Charles Richardson将“landscape”理解为一个微妙的词语。而如今，他的两卷*New Dictionary of the English Language*会使大多数词典编辑不屑一顾。Charles Richardson经常发生明显的词源错误，同时词源学开始进入词典编纂者和历史学家的视野：如果错误的内容被人们记住了，Richardson就会被认作Samuel Johnson的一个激烈的敌人[4]。他的字典在大西洋两岸都卖得很好，虽然使用（特别是

[1] Brace, *Between Wind and Water*, 69-72.
[2] Béjoint, *Lexicography of English*, 129-162, is especially insightful on these volumes.
[3] The volume changes bicycle dynamics, especially on broken pavement.
[4] See, for example, Béjoint, *Lexicography of English*, 21, 83, 203.

它的定义）令Noah Webster愤怒，但是却满足了广大英国读者的需要[1]。Richardson将“landscape”定义为一个地区和一个国家；另外，他还将“landscape”定义为“海岸”[2]。

[1] On the general background in the United States, see Friend, *Development of American Lexicography.*

[2] Richardson, *New Dictionary*, under “land”(1190).

被茂盛的树林包围着的肥沃土地，经过数个世纪的耕种已经变得平整，土地的明亮与树林的阴暗形成了鲜明的对比。

——John R. Stilgoe

Chapter 3

共鸣

有时，景观是崭新的，几乎没有任何人类的足迹。南乔治亚岛(South Georgia)、福克兰群岛(the Falkland Islands)[1]、凯尔盖朗群岛(Kerguelen)、克罗泽群岛(the Crozets)、麦夸里岛(Macquarie)、石象岛(Elephant)、皮特凯恩岛(Pitcairn)和其他大部分位于南极的岛屿，仍然没引起新闻媒体与地理学专家的注意；当欧洲人发现这些岛屿时，它们还荒无人烟。这些岛屿对人类是未知的，当人们发现它们时岛上只有野生动物。甚至到今天，岛上还是只有少数访问者与他们的少数(甚至没有)几处旧聚居点：村镇(如果有)都是新建的[2]。但是景观通常是成熟的，更多的时候是苍老的，有时甚至是古老的，其中一部分更是来自史前。荒野在人们眼中是永恒的。

"wilderness"是指野兽巢穴所在的地方。古英语中的"wild"与"ness"二词结合在一起，前者指鹿或其他吸引猎人们追逐的猎物，这些猎物为了逃避追捕，会将猎人引入容易迷路的深处。后来，在16世纪"wild"一词的词义变得与今天相同，指一切处在原始状态、远离

[1] 译者注：阿根廷称之为马尔维纳斯群岛。

[2] An old but solid introduction to European voyages is Newton, *Great Age of Discovery*. See also Williams, *Great South Sea*.

文明的事物，但一般人往往会忽视它在哲学上的意义。人们有时会将野生动物与第一次发现的"人类"混淆。伊丽莎白（Elizabethans）将第一次被发现的人类称为"savages（野蛮人）"，该词源自拉丁语中的"silvaticus"，意指林（silva）中人。"silavaticus"一词所强调的并非野蛮人的行为或他们难以理解的语言［在罗马人耳中，他们的语言听上去就只是各种"吧—吧"的杂音，野蛮人（barbarian）一词由此诞生］，而是他们居住的地方，"silavaticus"一词对罗马人而言就如同"barbarian"一词在美式英语中一样表示轻蔑的意味。

在这里，土地阻碍任何企图了解荒野的行为，更不要说对景观的探究了。任何对于荒野这一文字意义的探究都涉及所有水手都知道的一点：不是所有固体状的泥土都是土地。

牛津出版的*Dictionary of Environment and Conservation*简明地定义了"land"：地球表面成固体、干燥的表层，或它的任意一部分；与海洋对照[1]。目前只有一本航海词典定义了这一词语。在1867年出版的*Sailor's Word-Book: A Dictionary of Nautical Terms*中，退休的皇家海军上将William Henry Smyth阐述了一种有些别扭的含义："一般而言，'land'意味着由泥（terra）和土（ firma）组成，与海洋不同的地形。"但是，"land"也包括一些其他地形。举例而言，"ledge"是指"一条平行于海岸的紧凑的岩石线，而且它通常不会出现在沙滩对面；常见于非洲北部港口及尼罗河与小希尔提斯（Lesser Syrtis）之间"[2]；可能没入水中，也可能不会；其他航海词典只是定义了Smyth以外的内容。

土地或石头在退潮时会露出来，但他们从来不能被称为土地，至少船员们无法认可。航海记录在18世纪早期就已经开始，Daniel Defoe的《鲁滨孙漂流记》（*Robinson Crusoe*）正是这一时期的缩影。在度过十二天的风暴后，巴西–英格兰航线的船主决定在巴巴多斯（Barbados）靠岸，以修理船只。但另一股大风将船远远地吹离了航

[1] Park, *Dictionary of Environment* under "land."
[2] Smyth, *Sailor's Word-Book*, under "land" and "ledge."

线，并遇上了灾难。一位瞭望员喊了“Land!”之后，船就撞在了“沙滩”上，并开始破裂。在“荷兰人称之为‘den wild zee’的风暴中的大海”上，这个男人决定乘坐一艘小船去寻找陆地。在被甩到暂时干燥的沙滩上之后，他恢复了知觉，却又很快被涌起的潮水卷回海里。最后，他的双脚终于感觉踩到了“地面”。然后他站起来，跑向岛屿，中间又被大海卷走两次，直到“大海如往常一样驱赶着我，把我放在地上，或者说把我狠狠地扔向了一块石头”。他抓住这块石头，直到他再次鼓起勇气向前奔跑。他挣扎着到达沙滩，筋疲力尽，但是他为自己仍然活着而欣喜若狂。为了避免被夜间觅食的野兽吃掉，他爬上了树。虽然从被淹死的险境中逃脱，但是他仍处于危险之中[1]。第二天早上，他开始了整本小说中最为人津津乐道的创造景观的事业。土地被铲平、改造，或者荒地被直接开垦成为景观。

石头、山脊，还有沙洲不能被称为“land”。“land!”意味着陆地出乎意料地出现或者灾难出人意料地靠近。冰山提供了一种了解“land”定义的方式。当瞭望员看见他们时，他们会大吼“ice and breaks”而非“land”。在寂静的无月之夜，泰坦尼克号的瞭望员没能看见前方的冰山，因为他们将注意力集中在冰山底下的碎浪：寂静，意味着没有浪，没有可见的警示。“land!”这一呼号可以指沙滩、石头或者珊瑚等可能损害船只的事物，而非仅仅指可以拯救遇难者、由泥土构成的陆地。在*The Toilers of the Sea*中，维克多·雨果（Victor Hugo）挖掘出在涨潮时仍然露出在最高的海潮之上的岩石有着怎样的意义，但是即使如此，这些碎石也不能被称为“land”，因为他们没有给遇难的人以救助。他描述道“一小片海角，与其说它是陆地，不如说它只是石头”，以此澄清这片土地几乎毫无用处；在其他地方，他强调：对走私者、海关官员、捕螃蟹的渔民与其他来往的人来说，诺曼群岛光秃秃的岩石“很难称得上是荒地”，因为它与深海中的岩石不同。没有人居住在这些岩石上面：这里没有果树，没有牧场，没有野兽，没有能让人类使用的清水。漂流者们发现如果他们能从海浪与

[1] Defoe, *Robinson Crusoe*, 1: 47-50.

岩石中幸存下来，也只能获得片刻的喘息。“这种岩石，在古老海洋方言中被称为‘Isolés’，也就是我们所说的奇怪的地方[1]。大海独自待在那里，它始终按着自己的意愿行事。”如果他们想上岸，带着最好装备的探险家也只能逗留片刻：向上冲的海浪就能把他们推开，更别说风暴了。这样的岩石类似冰川顶部和其他被冰永久覆盖的地形。在近岸与海中的岩石附近，漂流者往往死于暴露：他们临死前的感受不为人所知。因此，“land”不仅仅是暴露的岩石，它需要为普通人提供安身的机会。雨果对“海岬、前陆、海角、陆岬、浪花和浅滩”等地质环境进行了分类，但他也强调了“Isolés”在蒸汽船时代的意义。货轮与邮轮为适应这样的险境设置了宽广的泊位，这些泊位之宽广，是现代水手从未见过的[2]。

在这里有两个词语是很重要的：“seascape”和“marine”指有海洋的油画。在许多情况里，虽然画家常常在画中加入天空与群鸟（这些鸟往往是海鸥与信天翁），但是海洋是唯一的主题。一幅海洋画中包含船只，可能只是小船，有时也会有一位抱着桅杆或趴在箱子上的漂流者。许多海军陆战队员描绘海军行动，通常包括两条或更多正在交战的船只，这些船都配备有大炮：这个派别的绘画通常包括现代战场，甚至包括巡逻中的现代驱逐舰。但是许多潜艇水手坚持认为海景画是为了表彰他们服务的海军分支，一幅海景画也许包括岩石、岩脊和沿岸的陆地，而沿岸海景被码头、灯塔和其他建筑形式标记。艺术史学家不喜欢探究搁浅或失事的船只是否会改变命名法则，但是就连过去于现在的聪明学童也都思考过土地是怎样把艺术命名中的海景变为了景观[3]。任何答案都有一部分涉及陆地的内容，包括法律术语中的“dry land（旱地）”和“wetland（湿地）”。很少被内陆人重视的海商法，能够将答案分成细小的内容：它将海况放到每一次讨论中。很少有参观艺术博物馆的观众会知道海军上将 Admiral Francis Beau-

[1] Hugo, *Toilers*[1992], 12, 236-237, 144, 216-217.

[2] Stilgoe, *Lifeboat*, 23, 42-47, 63-64.

[3] Listening to young children during art museum field trips proves instructive: often they remark on wind.

fort在1805年使用的海况表在今天仍为海员所用（举例而言，六级状况指的是在22节到27节之间的风速，8英尺到13英尺高的海浪，并伴有密集的白色海浪的状况）。艺术评论家很少定义“sea state（海况）”，也没有准确地描述岩石、岩脊和其他危险场景，特别是风暴中的危险。

缺少植被的岩石只能用流木作为可能的燃料。假如没有流木（最好是干燥的流木），漂流者往往在被饥渴折磨之前便曝尸荒野了。稍高一些的石头也许会在浅坑里存有一些带咸味并被鸟粪染成绿色的水，但是大多数海上幸存者只能找到布满盐的石头。在任何被定义为“land”的地表上，树木的重要性都超出在纯粹的岩石、冰和被冷却的岩浆附近工作的渔民与海员的想象。几个世纪以来，所谓的荒岛心理形象在这里被证明是有用的。“desert”代表着沙与干旱。“deserted”意味着荒无人烟：16世纪漂流者的故事，一般将主人公流亡到“desert”上。但是尽管如此，当代美国人仍然认为荒岛是充满淡水（特别是瀑布）和茂盛的植被，尤其是椰子树（可能因为到了20世纪40年代，“desert”与“dezert”的发音开始接近）的福地。炙热的阳光温暖着挨冻的漂流者，生活开始变得容易一些，正如《鲁滨孙漂流记》所言。没有人会想到出现体温过低这样的问题。

但他们也许会想到野蛮人，尤其是食人族。郁郁葱葱的热带丛林存在着混乱，这种混乱给媒体带来了夸张的探险报道、人们一厢情愿的想象和莎士比亚笔下充满卡利班（Caliban）与普洛斯彼罗（Prospero）的岛屿（悲喜剧《暴风雨》），特别是那些太平洋岛屿，这些岛屿打破了人们心中固有的印象。Herman Melville描绘了这些场景，甚至他在作品*Typee*（1846）和*Omoo*（1847）这两部描写他因食人族而逃离捕鲸船的浪漫报告文学小说中对其进行了进一步塑造。如今，荒岛是浪漫的，高端度假游客希望在岛上只能看见自己的脚印。与鲁滨孙不同，他们不希望有野蛮人，他们要的只有酸橙派或其他点心。

无法维持人类生命几小时或几天的地面都不能真正被称为陆地。海员们将其称为“hazard（危险）”，并尽可能避开它。“landfall”指的是根据（或相反）航行推算找到的陆地：当陆地（最好是预期中的海岸）在地平线上出现，但尚未被确认是特定的地点时，海员会“登陆（making a landfall）”。如果这片陆地被确定（用H. G. Wells的话来说，当地点“从登陆的蓝色模糊中升起时”[1]），海员会肯定地说“到岸（making land）”。在船舶日志术语中，土地是被制造（made）的。这种用法意味着陆地是从海洋演变出来的；意味着土地是从水或更为浩瀚的环境中创造出来的；意味着阳光的照射与水手的到来（后者用于描述“海盗落在了商船上”）。在为了迎接陌生人而建造的文明地方，小船和大船到达码头、港口和其他用于靠岸的地方（甚至包括货运码头，其用沙子或砾石覆盖，以便小船可以有效地接触泥滩），用于转移乘客和货物。“dock”指的是邻近码头或其他构造物的水域：即使在低潮时，水深也能使船只漂浮；不然船底必须没有岩石或其他可能造成危险的杂物，以便让船只可以在不受损害的情况下“着陆”。入坞时“触底”可能会对船只造成危险，因为船只可能搁浅：谨慎的海员知道靠岸后，陆地只是临时落脚点，人们与船只可以在这个地方休息，但不会永远留在那里。航海中的“着陆（landing）”一词逐渐进入了建筑术语中：长楼梯之间一般每隔十三步就有一处平台（landing）。

在远离可通航水域的地方，陆地变得繁华起来。“land”这个由四个字母组成的词有着古老的历史，但它现在指能让人居住的地面。它引申的意思与本身的意思被简单地划出了范围，虽然这范围简略而粗糙。

“land”一词源自德语词根“Lando”。它从古高地德语中的“lant”、古斯堪的纳维亚语中的“land”和古弗里西亚语中的“land”开始发展，最终成为古英语词汇。但是它也进入原始凯尔特语中，成为凯尔特（Celtic）词汇“land”；这个词在布雷顿（Breton）为“lann”，在科尼什（Cornish）为“lan”，在威尔士为“llan”，在古爱尔兰语中为“lann”。如果它的来源在今天德国以西，那么后来这个词也传播到了乌拉尔（Ural）。在古斯拉夫语（Old slavonic，因其在牧

[1] Wells, *War in the Air*, 194.

师文献中出现而闻名）中，它变成了“lędina”，并在俄语中变成了“lyada（荒地）”或“lyadina（沙漠）”。从俄国开始，它逐渐在整个西方传播。成为现代瑞典语中的“linda”，这是一个出现在古斯堪的纳维亚地区的词汇。这些词汇都很重要，尤其是在夏季星期六上午，住在郊区的人们开始割草坪的时候会用到。

在不列颠，“land”的两个含义相互冲突。北方的用法指的是除了海与淡水的一切，被词典编纂者通过描述海员们说“how the land lies”与其他诞生于海洋的词汇时定义出来。今天，这个词本意指5500万平方英里（1平方英里=259公顷）不包括水的地表，但它还有许多其他意义。像雨果和其他人记录的那样，在沿海地区，在海陆交界处使用的语言有精确的含义，其中一部分是因为第二种语言学上的潮流进入了北方。古凯尔特人把“land”理解为封闭的空间，Hugo在诺曼群岛发现了这种理解方式。这种方式影响了如今的威尔士语和爱尔兰语：“llan”和“lann”（“land”在两种语言中的拼法）指具有围墙的空间，同时在威尔士“llan”有时指教堂或教堂拥有的土地。但是在科尼什和更南的地区，特别在布雷顿，“lann”指荒地。“lann”是现代法语单词“lande”的词根，字典编纂者将其解释为荒地或沼泽，而不是俄语种“lyada”和“lyadina”的词根。寻找标志需要用心，特别是在现代英语中，在1066年诺曼登陆后一切都变得令人迷惑。

“launde”指满是树木的土地，但并不指森林（与新西班牙北部的灌木丛相似）。它从古法语词“launde”中演变出来，后来传播到了英国。在黑斯廷斯之战（Battle of Hastings）过后四百年，英国人将这个词理解为树林地形的空隙或开口，与“glade”几乎是同义词。“launde”一词的历史与演变为景观的研究指明了方向，因为这个词语的拼写方法一直活跃到18世纪。“lawn（草坪）”的含义稍有不同；其目前的拼法可以追溯到18世纪末，虽然受过教育的英国人直到1850年都在同时使用这两种拼法。

“launde”（和“laund”，显然这个词变得不那么重要，它的元音开始不发音）和“lawn”二词在亚麻制造的词源史中仍然存在扭曲。

“lawn as driven snow,” Autolycus在*The Winter’s Tale*中描述亚麻时如此唱到，它们是如此洁白，也如此昂贵[1]。早在1415年这一词语就在英文写作中为人所知了，它被用于指从拉昂（在当时“Laon”拼作“Lan”，位于兰斯西北部的一个小城）进口的稀有布料。生产纯白布料需要将其反复洗涤，这个过程被称为洗衣（laundering）。但是英国人创造了新的术语，即“lavendaring”，一个从拉丁语词根中衍生出来的术语，指洗涤或者将薰衣草放入成堆折好的亚麻里。薰衣草在被命名前就已经用在女士香水及沐浴露中了。亚麻制造业在英国缓慢发展，英国权贵垂涎被他们称为“lawn”的进口布料，同时在宗教改革前后主教和其他教会都珍视这些布料。有时候，牧师身着白法衣的袖子，但大多数时候一名主教的白法衣，深深地影响着他们的信徒，因为这是世界上最白的布料。教会希望这样的反应能让信徒将注意力放在神学的圣洁上，这也是婚纱之所以纯白的原因之一。

这一点启发了词典编纂工作者。当“launde”的含义变成神职人员所拥有的精美织品和被森林包围的草皮，它原本指林间空地生长的意义就被较少使用了，它的核心含义被相关术语模糊掉了。

斯堪的纳维亚词根隐藏在词语之中，特别是冰岛语“glaðr”，这个词指光明或善良。这个词的词源意思是森林的一个入口，一条穿过黑色森林的轨道，或者一条狭窄的、穿过芦苇荡的航道（英语中的“gutter”，曾经指一种关于改进芦苇荡的术语）。这些事物无意间接受到阳光的照射，对于了解针叶密林与长冬里黄昏的人们来说是极为重要的。20世纪的瑞典乡下人用“glad-yppen”指没有浮冰、在春季的阳光下闪闪发光的湖：这个方言词与古英语中的形容词“glæd”相似，后者指闪亮的、光明的、令人开朗的；之后它成为荷兰语词汇“glad”，指光明、光滑、润泽；并最终成为德语词汇“glatt”，指光滑、平均或被打磨过的。“glad”，一个表示高兴、令人开朗、愉悦的词与“glade”有着同一个词源，那就是拉丁语词汇“glaber”的一部分含义。“glaber”指甲物体在一段时间后变成了乙物体。拉丁语词汇

[1] Shakespeare, *Winter’s Tale*, IV.iv.

“gladius”指的是一种在角斗士间使用的短剑，虽然短剑通常是明晃晃的，但这两个词语都与“gladius”没有太大关系。“glade”的核心意义是指一片广阔黑暗中的光点，即使这光点只是相对于黑暗显得稍微明亮一点。

所以这也是自然进程中的一个元素。在1596年Spenser的作品*The Faerie Queen*中有这样一句台词：“Farre在树林里，在一片开阔的林间空地中。”这样一个有画面感的说明性语言比莎士比亚的戏剧更具传播性。当“阴沉的树荫”笼罩了灌木丛下面的地面时，林中空地比周围的空地更明亮，但这并不是有人刻意而为之。它并不是一片由“lea（ley或lay）”一词（源于德语中的“loh”，指沼泽）概括出的潮湿、开放的地面；也不是种着青草或长满杂草的土，在英语中被称为“lea”（也拼为“ley”或“lay”，该词源自古英语中的“liegan”，指耕地）。虽然拼法相同，但是“lea”指代着两种不同的事物，它们有着完全不同的词源，因此这两个意思常常为英国作家（及读者）所混淆。这两个词语都对定义“lawn”有所帮助。

草坪（lawns）通常晴朗、干燥，常常瞬间出现。在19世纪末，受过教育的英国人混用“laund”和“lawn”。虽然根据Samuel Johnson于1799年出版的第八版*Dictionary*中两个词语都指树林中一片开阔的土地，但是英国翻译词典更加强调“开阔”所具有的建设性。1813年，其中一本词典在将此词语翻译为法文时将其解释为“une grande plaine dans un parc”，即公园中的平地，这一解释几乎完全抄自John Kersey于1702年出版的*English Dictionary*。自此，“lawn”变成了让人放松休闲的场地，它不再是人们捕猎的去处，而是让人可以在上面漫步，或从窗户观赏的地方。

任何人都可以瞥一眼（glance）草坪（lawn）。没有东西阻挡视线，开放的空间让人愉快、安心。人们有着懒惰放松的眼神，他们认为自己了解草坪的一切。“glance”有快速掠过的光和快速瞥见或匆匆看一眼两种意思，但作为动词，它表示擦过、闪过、滑落。不同于源自古英语词“glær（琥珀）”，但也受到高地德语“glaren（发光）”影响的词汇“glare（瞪）”，“glance”源自古法语词“glacier”，指滑动或滑落。到了1800年它的含义包含一部分"land"（和"laund"）在两世纪以前就有的意思，即一片被树木环绕的、闭环的、开敞的、干燥明亮的区域。"land"不再与古凯尔特语的词汇"landā"的意义（即爱尔兰词汇"lann"所有的封闭开放空间）有联系。

到1700年左右，"land"指任何干燥、能提供长期居住条件的地面。这一用法早在900年就在*Beowulf*中被英国人接受。其他的用法也被保留了下来。在1450年到1900年间的英格兰，"land"意指被所有者或代理人分为数个独立房间（每个房间从法律上讲都是独立的房子）的单个建筑：为什么房东（或管理员）会被叫作"landlord"常常让现代租客感到困惑。要深入解释这个问题，人们必须理解"land"在过去不只指代一片私有的封闭地块，它也指个人拥有被分为好几块的居住地。但这样的研究过程只会把研究对象引向"lawns"。"land"的构成比"lawn"（在古英语中，这一用法以"greenward"，即大地绿色的皮肤出现）大得多，律师们也知道这一点。

律师们仍在遵循可以一直追溯到黑斯廷斯战役时期（1066）和随后的诺曼征服（Norman Conquest）时期的例子。虽然在三个世纪之后，Edward III（爱德华三世）委任的议会要求审讯与诉状必须使用英语（绝大多数英国人不会说法语，他们将法语看作侵略者的语言，不管它是否高贵），但是直到17世纪，文员、律师和法学家都用诺曼语进行记录，词典编纂者将其称为法国法（French Law）[1]。直到1650年，议会才要求在所有文件中用英语代替诺曼语[2]。在15世纪末，Thomas Littleton，一位致力于限制国王权威的法官，为有抱负的律师创作了第一本英语教科书：那一天以前，学生只能接受拉丁语授课。两个世纪之后，Edward Coke（爱德华·库克）撰写了共四卷的*Institutes of the Laws of England*（《英国法律研究》），这是一部针对英国普通法的详细全面的研究。它提出英国普通法受到了诺曼和后诺曼法规、利特尔顿（Littleton）和数百个公共报道过的司法裁决的影

[1] The statute is 36 Edward III(1362). Bothwell, *Age of Edward III*, makes clear the powerful heritage of Norman feudal thinking.

[2] Musson, *Medieval Law* is a solid introduction to a rich, nuanced subject.

响[1]。如今以“Coke在Littleton之上”的面貌而为法学院学生所知道的法律形成了法律、法律要点与现代法学词典编纂：“Land（土地），一般情况下是指任何地面、土壤或地表，如草甸、牧场、树林、沼泽、水域和荒地。Co. Litt. 4a。”这被*Black's Law Dictionary*（《布莱克法律词典》）借鉴，促使该词典产生了“古往今来美国和英语的法学术语和短语”这样自夸的条目。英美法律将其理解为有弹性的定义，它包含任何事物，从“土地的固态部分”到有着常住居民，可以长期居住的土地。但一切最终都会追溯到诺曼。

大多数美国人只会在购买土地、房屋、土地附属物（appurtenances）时才会发现这些术语的微妙差距，附属物“为道路或其他地役权的权利；包括外屋、谷仓、花园或果园、房屋或宅院”。“messuage”的概念让任何“房屋卖家”感到晕眩，因为它的定义回到了诺曼法语中的解释，即一所单独的房子是没有用的：一个“地主家庭”需要一间谷仓、马厩、鸡舍和其他用于存放牲畜与作物的建筑。当代法学家指出，在美国的用法中，“messuage”意味着“住宅”，这种解释只会让买家迷茫，他们会问为什么法语术语与英语单词相同（或至少“house”一词是一样的），却意味着其他事物，就算只有些许不同[2]。在“传递文件”的过程中，买家，尤其是年轻买家会为拥有自己第一个家而感到兴奋，他们只会短暂地面对土地与土地所有中隐含的奥秘，但是只有他们阅读这些文字并因这些似乎只是纯粹的啰唆而感到惊讶后，他们才会发现这些源自诺曼的繁复。很少有人会这样做。很少有人会思考“Law（指法律，源自古挪威语中的‘lag’，指永久平躺的某物）”与“statue（指法规，源自拉丁语，指某种具有长期一种状态的固定物体）”词源间的不同，因而错过古英格兰与诺曼的法律基础间持久且断断续续的融合。大多数人只会瞥一眼律师，而不了解宅院和附属物的概念，不知道什么是家、国土、国土安全，不了解房地产，不清楚那些为了永远而记录下的语言；他们因房间、窗户、

[1] Coke, *First Part of the Institutes of the Laws of England* is most useful in terms of land and land tenure.

[2] Black, *Law Dictionary*, 1064-1065, 1183, 132.

草地，感到高兴兴奋，但却不清楚拥有土地的定义；他们太兴奋了，以至于错过了通往“land”一词词义的大门。

但是他们不会忽视修建草坪，为花园草坪施肥，粉刷房子和栅栏，维护他们地产的重要性，正如他们希望所有邻居也会维护他们的地产一样。如果邻居出了什么事，如果荒野通过某种方式开始了它的蔓延，人们可以搬走，但他们不能轻易移动他们的房子，不能移动他们的土地。土地是固定的，虽然它会发生各种变化。但在法律的角度，“land（土地）”所代表的是一种十分真实的东西。

这种大批量生产的房屋是可以沿着小径移动的，它们好像在低声述说着对一夜之间建造起的村舍的敌意。

——John R. Stilgoe

Chapter 4

4 与HOME有关

购房者们常常背负着巨额贷款,甚至有的偿还期限超过30年之久。但他们却并不关心自己能否在限期内还清贷款,只是对自己的新家兴奋不已,这让银行或律师事务所的人十分惊讶。他们不停地搬新家,有时搬到新房子,但通常是二手房,可对于购房者而言这个家是新的。很少有人会想到一旦不能偿还贷款,会有什么法律后果。但正是由于他们只对“新房子”兴奋不已,从未考虑贷款逾期未还的法律后果,英国(和美国)的普通法才得以蓬勃发展。当他们拥有自己的新房子时,相关的法律就开始约束他们了,就像葡萄藤在房屋周围扎根生长一样。每一位拥有房子的人都知道“一个人的家就是他的城堡”,虽然这句话被写到独立宣言和宪法中,但它却在其他更深层的事物中表现得更加淋漓尽致,即与普通法和夏季沙滩上的沙堡有关的核心语言中。

一旦住房契约(以及抵押证明)在相关的法院登记,购房者便可以对他们的新住所进行合理的(或合法的)转让(attorn)。“attorn”这个词来自拉丁语,意思是转向;在诺曼入侵发生后,它也有准备之意,也许还有转向一边做准备或转向另一个方向的意思;此外,它一直具有替换效忠对象的意思,要么是因为一位贵族的去世,要么是因为拥有宗教自由的成年人选择了尊敬和顺从另一位贵族，即使这只是暂时的。“lawyer（律师）”保留了古老的拼写形式，其中“ier”是表示一个人职业的名词后缀。这一法律术语现在仍保留了一个很古老的含义，即对人们尤其是穷人进行压榨的坏人授权的代理人。当然，律师是需要建议或帮助的人的代理人。通过律师的代理，诉讼委托人能够得到律师准确的指导，并且律师往往会前往法院并为客户辩护。关于骑士帮助受害者的故事也解释了“lawyer”这个词的意思（莎士比亚在作品中通过Dick屠夫高呼“kill the lawyers”，而不是“kill the attorneys”来支持起义以及骑士穿着闪亮盔甲的童话故事[1]）。

无论通过什么方式，房产的转让都会要求当事人去法院签署契约，通常是一个抵押证明。“mortuum vadium”这个词组来自拉丁语，意思是死的承诺；这个词组指用于偿还债务的土地转让：一旦转让了土地，转让人便宣告今后的债务（以及在土地上的任何权益）再与他无关。后来，它的意思发生了转变，诺曼人重新编写法律之后，这个词组指获得转让土地的人必须在一定时间内偿还债务，无论是通过商品（作物）、金钱还是服务。承诺（往往在一个本票中呈现）随着时间推移变得具有可继承性，债权方可以在死后把权益转让给继承人：除了习得的单词“gage”，新的诺曼术语“pledage”也有这种基本含义。只要购买方定期支付（或不定期，如果承诺涉及的服务处于战争期间），此后该标的物的转让就和初始转让人无关了。因此“real estate”是指土地和一切自然依附于其上的东西（草地、树木、池塘等）以及通过人们的技术建成的部分（果园、水闸、房屋、谷仓等）：法学上进一步定义“一切”为“房屋及附属物、宅院”和不动产。购买者不仅拥有土地（或房产）的所有权，而且在他死后，他的继承人有权通过继承和接受赠与两种方式获得他购得的产权。

在所有的景观研究中，上述的一切被证明是重要的。当代法律深深根植于土地和土地所有权中。在美国，如果公寓租客涉嫌严重犯罪，取保候审时必须张贴保释，因此那些没有存款的人经常需要向保

[1] Shakespeare, *Henry the Sixth, Part 2*, IV.ii.

释保证人借钱。但房产和土地的所有者，只需要签署一个承诺表格，就能取保候审。美国的日常用语强调容易被人们错过的东西，比如租房者通过房东间接纳税，但房东往往需要直接纳税（有时直接附加在每月的按揭贷款中）。当一条道路需要修复或垃圾桶分布不规律时，租房者只能对此抱怨，但房东可以要求政府改进，以满足他们作为纳税人而不仅是作为公民的权利。

普通法和习惯都可以看出租房者（甚至那些租赁者）和房东的差异。租房者在遇到问题时，能够迅速转移并远离麻烦，但房东却扮演着一个已定义、有界限、被调查的地方中有重大相关利益的角色。前者可能聚众成为“mobs（暴徒）”，这一词是英国人由“mobile（移动）”一词演化来的：人员的流动性可能会通过街道激增，他们有可能破坏土地所有者拥有的财产。不管现在多么不常见，固定电话仍然在固定不变的地方与电话机相连，因为不是任何地方都这样，所以电话不可能促进和组织暴动，因而电话深受今年选举民意调查的喜爱。

当暴徒激增，土地所有者会通知警察、蓝色骑士、易怒的人，以及扮演着中世纪警长角色的警察（sheriffs，来自古英语词“scīrgerēfa”，意思是郡长，负责管理一个郡）；或是导致悲惨的结果（grieves，可能是来自于拉丁语“gravare”，意思是收税员经常给人们带来负担或悲伤）。在新罕布什尔州和其他地方，行政长官、警察、程序服务者以及县郡的警察，作为法院的臂膀而存在；在传统的新英格兰农村，他们服务于被选举或任命为“hog reeves”的地方长官、水坝看守人和其他官员。中世纪的英国人认为这些官员是最高法院中少数的、能够把法律和景观连接在一起的官员。

如果没有搜查令，警察几乎不能进入任何一个人的家。获得搜查令很难，地方法官要求要有合理的根据和可信的证人，可能还需要一些有形的、可触的、真实的证据，这些东西比警察的怀疑更直观。邻居（和几个世纪后的消防队员）可以进入一个人的家救火，但其他官员想要进入仍然需要提供许可证明。即使在今天，房东可以随意进出房子，更换烟雾探测器电池和修理漏水的水管（尤其是当漏水渗透到公寓下方的天花板时），但警察仍必须获得许可证明才可进入。沙堡让人联想到英国普通法中的基本概念。人们拥有房产的同时理智地看待它，意味着需要认真面对现实和相关领域，并且在购买和维护相关景观时，认识到权力的作用。

一个地方无论存在什么样的政府——神权、富豪、民主、贵族、军队、寡头、君主、专制、暴民政治（由暴民统治）或金权政治（只由业主统治）——核心权利仍需要保证下水道和供水系统的运转、公共交通的运行、邮局递送邮件和其他基本服务功能。暴民统治很快会让社会系统崩溃，但大多数其他类型的统治被证明或多或少是有效的，因为他们必须面对叛乱、解散或是被征服。几乎所有形式的政府都支持消防和警察部门，保障道路建设和维修、能源供应的消防和警察部门以及负责饮用水净化、污水处理、垃圾处置和其他主要问题的公共卫生部门。

无论是什么制度，早上上班的乘客在远离城市中心的火车和公共汽车起点站通常可以找到空位，但晚上他们往往只能在最后几个站找到座位。火车和公共汽车所驶过的桥梁必须能支撑起其他汽车，轨道和道路即使不够完善但必须畅通。从一种政权到另一种政权，物理定律支配着铁路和公路的坡度、路线的曲率、下水道管的间距以及无数与工程、建筑和维修相关的内容。

游客们对城市设计、运河选址、露天采矿、电力线的位置、公路交通信号和类似的事情很感兴趣。不管在哪种形式的政府管理下，他们虽然偶尔能在设计、建设和维护中创新发明，但是也存在着惊人的相似性。成功的物理（特别是机械）创新能够迅速地通过政府审批。不管由哪个国家制造，最后航空母舰成为提供飞机发射和着陆的场地。这是最好的方法，也是最好的做法。

权力必须限制一定的自由，这个问题是关于社会发展、繁荣和社会成员承受能力的复杂问题。1651年，Thomas Hobbes所写的*Leviathan, or the Matter, Forme, and Power of a Common Wealth Ecclesiasticall and Civil*一书，阐述了君主制、贵族和民主的概念，认为最高的、最好的政府是不可能存在的，因为人们总在不断争论到底什么是好的。

Hobbes并不认为政府起源于个人对暴力和早逝的恐惧，以及每一个人本质的自私（甚至是邪恶），如果一个人完全没有约束的话。

无论他的论点多么令人难以接受，Hobbes极力主张所有的人都必须以有秩序的方式来生活，这种看法被证明是很疯狂的。某些政权必须保证社会长期远离被袭击、斗殴、谋杀，如果继续延伸，还要保证有养活自己和家庭的权利，以及维护产权和土地所有权的权利。任何一个喜欢探究景观的人都有必要思考一下Leviathan这本书的内容。

伯爵、男爵、公爵和其他贵族生活在大城堡中，这些人是曾经统治过小领地的人的后裔，后来这些领地被合并成由国王统治的最初的国家区域。统治一个国家区域的国王都有征服过竞争对手的经历。尽管在童话故事中，遍布在早期英格兰（和后来成为法国、德国和其他国家）的城堡后来演变成皇家或国家具有军事与民事秩序的地方。在被入侵的时代，由于十字军东征或者其他的军事需要，当地贵族用远远超过向地主和农民征收的税款供给君主，以表敬意；他们提供了一些专业的士兵。在和平时期，他们通过士兵，甚至是行政长官识别拦路抢劫的强盗、窃贼和其他罪犯，来保持社会和平。但在英国，最强大的区域贵族往往联合起来限制国王的权力。

在1215年，大宪章是在法律史和教室课堂上作为第一个正式的约束文件来限制君主的。在兰尼米德（Runnymede），一个大草甸，男爵们限制了John国王的权力：国王再也不能任意地统治，二十五个男爵能使得他的命令变得无效，甚至可以命令他的雇佣军离开英国等。总之，没有英国人可以在既定的法律内不受约束。两年后，男爵们完成了同样重要的事情。

森林宪章主要关注普通人和自由人（不是农奴）与自然资源相关的领域。John国王已经把越来越多的土地变成了他的私人皇家森林，但这影响了社会稳定、工业和地产的利益。其中一个关键条款声称："从此在森林中，每一个自由人在不给邻居带来任何伤害的情况下，可以在自己拥有的树林中或土地里任意制作磨粉机、鱼塘、池塘、泥灰岩坑、沟渠或外界不知的可耕地。"John的儿子Henry Ⅰ（亨利一世）被迫在森林宪章中宣称，对于一般农业性的和其他普通英国家庭拥有的地产企业，必须使其具有特定的权利。八十年后，森林宪章被并入大宪章（也叫宪章的确认文件）中。直到1972年它才进入英国的法律中，那时国会在捍卫野生动物和自然的土地行动中，让森林宪章适应了现代的需求[1]。

法律的细微差别和实际的历史现在都存在，同时两个宪章在清教徒叛乱的17世纪早期就已经十分重要了。Hobbes的论证是在克伦威尔时期，以Charles Ⅰ（查尔斯一世）被斩首的内战为原型进行的，后来逐渐形成了准确的理解：英国议会和被恢复的君主制（在查尔斯二世统治时期和随后时期）也需要服从于法律；英国人享有广泛而具体的权利，并扩展到殖民地的英国居民[2]。在拥有茂密森林的十三个殖民地中，森林宪章获得了广泛的认同，正如Hobbesian所断言。当时军事和民事权力都必须保证殖民者的安全，让他们远离美国土著人、法国人和海盗的威胁，并且必须保护他们的生计和财产安全，尤其是他们的房子和被改造的土地。

在章程确认后的几百年里，城堡既指王室权威的范围，也指限制权力（主要是他们发布命令的权力）的力量点。城堡享有的权力保证了国王的安全、市场的稳定、高速公路（以及小路和运货马车路）的秩序、所有人（特别是妇女和儿童）的安全和不动产神圣的所有权。有需要的时候，这种权力被用来治理混乱和邪恶。有时骑士、法官和警长携带某种证明身份的配件，通常是剑或者是一位助手。当陪审团被带到犯罪现场，现代美国人会找一位法官和一位工作人员，将普通空间暂时变为法院。大多数时候，城堡只存在于童话里或者虚构的公主电影中。那些电影鼓励小女孩们打扮成公主，然而成年人对此并不在乎；还有少数学者怀疑那些幻想依赖骑士的女孩会永远不成熟，因为电影中穿着闪亮盔甲的骑士总在危急的时候营救了那些女孩。

但正如Coke在普通法的基础上作出的判决中指出的那样："一个

[1] For the Charter of the Forest, see Rothwell, *English Historical Documents*, 3: 337-340; see also Dietze, *Magna Carta*; Thomas, *Historical Essay*; and Howard, *Magna Carta*.

[2] See for example, Plucknett, *Statutes*, and Turner, *Judges, Administrators, and the Common Law*.

人的房子便是他的城堡。”这句话必然会引起任何一位景观探究者的注意[1]。这并不是指一个人可以在自己的范围内随心所欲，任意妄为，比如他不能自杀或谋杀自己的家人，同样他也不能放火烧自己的房子。

房子是禁止非法进入的，即使是国王也不能随意进入他人的房子。房子是一个人安全的避难所，特别是对婴儿和儿童。房子也是经常被新闻和散文提到的意象。

对普通人来说，家意味着房子。

但是购房者们在阅读律师文书时发现，家并不是指房子。房子是永久的，然而家有时仅仅是一个让人心里踏实和放置衣帽的地方。但是20世纪20年代以来，美国的房产销售人员喜欢用房子等同于家这样的宣传语。在英国，这样的专业人士自称为“房产经纪人”。

诺曼语（或法律法语）证明了“home”具有很强的复原性和深远意义[2]。“messuage”经常出现在契约上，通常指住宅，但有时（对于一丝不苟的，受过良好教育的律师和陷入产权纠纷的调查员而言）指一种通过篱笆和墙来围合一所房子、谷仓和其他构筑物的空间。新英格兰人指的农庄和高原牧场的农场主（在法庭中）认为的农场，在美国的不同地方发生了变化。但英国普通法在每个地方都是通用的，“messuage”（可能来自古老的法语词“ménage”，意思是家庭；后来指家养或被驯化的动物，如动物园中的动物）指的是房屋及附近的建筑物。

在欧洲和亚洲大部分地区，为一个家庭（常常包括仆人）提供住处的建筑物基本上是有马厩、猪圈、鸡舍、鸽笼的院落，以及其他给动物提供遮蔽的构筑物，除此之外还有粮仓和干草谷仓。围栏可以防止幼儿和动物的丢失，并防止狐狸和其他食肉动物进入；如果陌生人想要进到，必须通过喊叫、敲门或者打电话。“court”，来自拉丁文“cors”，是由古老的法语词“cortillage”“curtilage”转变而来；这个

[1] Coke, Seymane *5 Co. Rep.* 91 (1604): see Coke, *The First Part.*

[2] Poets and others often get legal sources and words wrong: see Rigby, *Chaucer in Context*, esp. 90-99.

词是指舒适感和圈占地，这个意思是从古英语“geard”和它的同源词古弗里西亚语“garda”和古挪威语“gard”中借用过来的。从此开始，“garden”和“yard”这两个传统且重要的英语单词被大量使用，虽然现在它俩是近义词，但是大西洋两岸分别使用各自的词语。

诺曼征服后，“court”与“yard”融合，产生了“courtyard”一词，指农村房屋的附属结构和室外空间。虽然这个词有时会用到客栈（区别于酒馆房间，往往租给游客过夜）里，最终用到酒店，但是“courtyard”强调了院落（yard）的“家用”意义。许多院子，特别是建筑的栅栏隔离区并没有居民：人们生活在木材场、堆料场、造船厂和铁路厂以外的地方。“house”都是有院落（yard）的，特别是在乡村，院落（yard）常常是指动物活动的地方。几个世纪以来，特别是在美国，为车辆、船舶、设备和孩子提供庇护的建筑物被认为是房屋（house），比如消防站（firehouse）、船坞（boathouse）、井口建筑物（head house，用来保护矿山机械，尤其是绕线齿轮的结构）和校舍（schoolhouse）。但在20世纪末期，一些词语的后缀改为“station”，比如“fire station（消防站）”虽然是一个新的名称，但是仍然由两个词组成。在法律上和传统语言中，甚至在普遍但严谨的英国和美国文学作品中，“house”特指一些特殊的且持久的东西，尤其是在黄昏时分。

入室盗窃（burglary）为理解房屋（house）作为景观的关键组成部分提供了另一种方式。古德语“burgus”指的是一个要塞（借鉴古法语词“bourg”，意思是一个村庄），因此在德国城市地名中经常出现了“burg”和英语中出现了“borough（城镇）”一词。市民（burgesses，这个词在美国学校中只用来命名弗吉尼亚殖民地的立法机关）共同管理城镇。而“burglary”指在夜间打破门或窗进入一所房子。在古英语中，夜间入室窃盗是会受到重罚并且让人不安的罪行。William Blackstone在评论英格兰法律时强调，户主如果醒来发现一个窃贼，他有杀死入侵者的自然权利，并且法律会赋予这个房子的男主人豁免权。这一点表现了英国法律的观点：一个人自己设计的堡垒永远不受侵犯，并且为保护自己的权利而做出的行为可以得到豁免。

Blackstone强调入室盗窃往往伴随着其他犯罪行为，特别是窃听和纵火；一个人可以召集多达十一个人为维护自己房子的安全进行抵抗，却不会被指责为“引起暴动或非法集会”。进入开着的门或窗的房子被认为是轻微的侵犯，尤其是白天进行，但是从烟囱爬入房子却属于入室盗窃。闯入一间谷仓、仓库或没有人居住的房子，不会获得十分严厉的惩罚，因为这个行为没有给人造成黑夜的恐惧感和严重的后果。但如果仓库是房子的附属物，进入仓库盗窃的犯罪性质与进入房子本身是一样的；另外进入居住者暂时离开的教堂和房子，其犯罪性质也与进入自住房子是一样的[1]。到18世纪中期，Blackstone和他的前辈们在成文法和判例法中用了巨大的篇幅来定义“天黑以后（after dark）”（即使是在满月的时候，一个人也不能通过视觉认出另一个人），到博览会展位和运货马车（不管是否用帆布覆盖）行窃也属于轻微的盗窃罪。

英格兰和苏格兰法律学家也十分关注纵火案。最古老的英国法律就已经开始惩罚纵火犯，尤其是纵火焚烧房子或作物。在亨利六世时期，议会制定了纵火叛国罪（在英国至今仍然判处死刑的罪行就是对女王陛下的船坞纵火）。但在爱德华六世时期，议会减轻了这个重罪，虽然因此让神职人员的特权缺失是不恰当的。与入室盗窃不同的是，纵火有可能烧掉的不只一所房子，而是烧毁整个村庄，甚至城镇和城市。燃烧具有蔓延性，这让生活在茅草屋顶的房子中的人感到担忧，因此纵火是一项令人发指的罪行。

在征服后的律例和评论中，“house”往往以“mansion house”形式出现，这是一个来自诺曼的久远术语。“mansion”来自拉丁语，有停留之意；传到法国之后，通过“manere”成为“manor”和“permanent”的词根。“house”来自古英语和古弗里西亚语“hūs”。“hūs”是一个古老的、哥特式的词语，指寺庙或神殿（gudûs）。但编纂者基本上不知道“hūs”的根本来源，有些人认为它来自雅利安语的“keudh”和“hud”，其中动词词根指隐藏或藏身处。“housen”是一个

[1] Blackstone, *Commentaries*, vol. 4, ch. 16.

古老且深沉的动词，现在它仍然作为一个英语方言的复数形式而存在，但不同于12世纪的复数词“husas”。“housen”这个术语指一个安全的、永久性的供家庭居住的地方，这个地方让人们避开恶劣的天气、夜间捕食者、讨厌的邻居，或者在某些方面来讲，让人们远离君主制。

Hobbes理解人们希望远离政治社会的愿望，当隐私权可以保护人们免受外界窥探的伤害时，人们的愿望便被最好地保留下来。在对英国法律自由性思考的理解中，房屋是至关重要的。法律上、文化上和情感上，“house”远远超过了远离恶劣或寒冷天气的庇护所的意义。房屋储存食物和木柴，使人们能够独立且长期地远离公共区域，例如可以避免应酬。

“dwelling”指其他的东西，征服后的法律学家努力将它与“house”之间的微小但具有煽动性的差异区分开来。“dwelling”起源于古英语“dwela”，后者指误入歧途的、流浪的、错误的或欺骗的，类似于古斯堪的纳维亚语和古德语词中的“tarrying”。13世纪初，“dwelling”开始指在一个地方停留或在一个地方住一段时间，但不是永久性居住。数个世纪过去了，它演变成有永久居留之意，即英国的普通法中强调“dwelling house”这个术语，与诺曼贵族中的“mansion house”相同。尤其是在美国的殖民地和新的共和国家中“dwelling”指小屋（cabin），尤其是小木屋（log cabin）。这样的小屋是景观的产物，并且住在小屋，甚至棚户区中的市民，也有大多数住户的权利。因此乍一看，我们很难分辨出词语之间细微的差别。

但“dwelling”详细说明了房子（house）和极少的永久结构之间的根本区别，甚至一些是非法建造的结构。房子是永久性的，很难移动，当然不可能在晚上用秘密的方式快速转移。它的所有权和占有权便显示了这种现状。一个女人如果嫁给了一个自耕农（yeoman），也意味着嫁给了他的房子，因而这个女人成为了这个家庭的家庭主妇（housewife）。他们两个人共同维持一个家庭，一所坚固的房子、君主制的约束和普通法的规定加强了家庭的稳定性。如果他们的家庭一切都进行得很顺利，人们就会称他们为“goodman（好男人）”和

“goodwife（好妻子）”；后者有时也称作“goody”，如古老的俚语“Goody Two-Shoes（一个有美德的好人）”中的“goody”就是上述的意思。如果一个男人在自己房子周围耕地，并节俭使用土地，他就不光是个耕种者，还是一个自耕农。虽然在社会阶层中，平民的排名在绅士之后，但依然享有担任陪审员的权利，能够带着他的长弓参加战斗，并且能都参加选举各郡的骑士[1]。丈夫、户主、自耕农、投票者……“dwelling”所蕴含的意义不仅仅这些。

1588年，议会通过了“限制小屋的法令（An Acte Againste Erectinge and Mayntayninge of Cottages）”，它禁止任何人建造小屋，除非他拥有或租用4英亩（1英亩=4047平方米）土地。该法令豁免了矿工、采石工人、伐木工人、牧羊人以及森林看守人搭建的临时庇护所；也明确排除了大海及通航河流上的别墅，只要水手或手工业者（主要是造船者）能将其建造起来并住在其中的话[2]。8世纪到16世纪末，家庭贫穷的人已经开始建造村舍，这些村舍往往只是小屋。它们一夜之间出现，但是其中大多数建在放牧的乡村公共土地上。虽然这样的小屋（cottages）一开始是很脆弱的，但随着时间的推移，它们变得更加持久，这让当地权威人士争论不休，因为他们认为建造小屋的人没有付钱就占有了公共土地，这种行为妨碍了已建成的土地并对他人造成了困扰。

“cottage”来源于古英语“cot”，意思是一间小屋（hut）。“hut（小屋）”接近古高地德语中的“hutta”，意为隐藏或隐藏的东西。“cot”可能是房子的一种变形，但它也可以指绵羊毛打的结，这个词或许来自中期拉丁语“cottus”，意思是一床被子。“cot”是一个微妙的词：在印度，它指英国殖民者在印度发现的简单、临时的床；但在现代英语中，它的含义不只是床（或床的框架），还可以是一个可活动的床。荷兰语词“husk”最初指一所小房子，后来很快就和古英语词“hosa”融合，表示“某种情况”的意思：玉米穗被玉米皮包裹在

[1] On bows and other householder arms, see Powicke, *Military Obligation*.
[2] *Statutes of the Realm*, 4:804 - 805.

里面，但是玉米的皮比坚果的外壳柔软多了[1]。16世纪后期，许多英国户主质疑“cottage”的意义：人们常用很薄的材料在森林或公共区域的边缘建造成一个构筑物，他们将自己的家庭远离无关的人群。一个世纪以后，这个词更多地指完好的建筑物，这些建筑物主要为织布工、剪羊毛工人和没有土地并还需要支付少量租金给房东的穷人提供住处。当矿山被挖空或树木被砍完，工人们不得不离开小屋转移到别处。除非逃跑的农奴或其他没有主人的人搬进去，否则小屋很快就会坍塌掉。只有在海边，小屋才能持久地保存下来，因为人们经常在大风暴后修理或更换它。当渔船和其他船只比家庭住房条件更差时，穷人往往会选择住在小屋里。人们怀疑和厌恶的核心就是1588年的这种行为。

很多人，特别是流浪汉，可能不能拥有简陋的庇护所，也几乎没有土地。他们可能会被组织起来成为暴徒，在社会上生事，Hobbes坚定地认为如果政权不限制个人行为的话，他们肯定会这样做。露营、拖车、移动房屋、改装校车、汽车和类似的庇护所让当权者和生活稳定的人担忧，这些人拥有带庭院的永久性住宅，并为此支付财产税。他们不屑于流浪者在流动的庇护所中栖身的行为，虽然流浪者不需要为这样的处所付费[2]。住在房子里的人给孩子讲“三只小猪”和“压死骆驼的最后一根稻草”的故事，用来表达人们对永久性住宅的肯定以及对移动处所的鄙视。

直到17世纪，壁炉和烟囱把“房子（houses）”和“小屋（cottages）”两个概念区分开来。13世纪末，因为大厅中央壁炉的浓烟会穿过屋顶的烟囱冒出来，富有的英国人开始尝试新的设计方法。在经过长期使用泥制烟囱的实验后，英国户主开始尝试使用石头或砖砌壁炉和砖砌烟囱，直到大约1720年正式确定[3]。烟囱不仅需要大量的木材在它们周围作为框架，还需要大量砌石作为稳定结构。壁炉和烟囱是一座房子稳定的象征。村民们（苏格兰贫农）保留了中世纪的明火

[1] Shipley, *Dictionary*, under “husk.”
[2] Jones, *Howard Mumford Jones*, 279.
[3] For an introduction, see Wood, *Hearth*.

和屋顶的洞，同时成文法和判例法也继承下来：从向天空开敞的烟囱爬进屋内，也属于入室盗窃[1]。

只有在海边，小屋才能给来此度假的家庭带来快乐。因为小屋通常是简单且局促的（也有少数浮夸的豪宅别墅），所以它夏季的风和沙可以吹到屋里来。大风可能会吹毁这些小屋，但正是这些不确定的因素可以给人们带来意外的乐趣，人们也可以从中扩宽自己的视野。因为海岸通常是开放的，小屋经常错落地建在一起，阳光可以肆无忌惮地照射，人们也可以随意参观。夏天，阳光透过百叶窗照进来，一切都是有趣的；冬天，小屋的墙壁被寒风穿透并遭受海浪冲击。游客都知道小屋是临时的，它几乎是贴在地面上建造的。在海洋的王国，住在这样的小屋里，人们会感到快乐。这里没有城堡和法律。这样的小屋不会给冬天的入室盗窃行为提供机会，因为小屋荒凉简陋，在寒风中瑟瑟发抖，并没有人在这里住宿。

因此，小屋是不稳定的。

只在当游客在阳光明媚的海滩陶醉时，才会注意到小屋周围细沙流动的情况。其中有几个小屋因为拥有草坪而看起来更加漂亮，而另外的小屋甚至连庭院都没有。

[1] Blackstone, *Commentaries*, vol. 4, ch. 16.

这座农场位于防风林脚下一个舒缓的南向斜坡上。农场是增生建筑的代表，是家庭和农业形态适应时间变化的产物。

——John R. Stilgoe

Chapter 5

5 更替，塑造景观

在美国郊区，家往往不只是一所房子这么简单，而是具有小规模景观的建筑并受到维护的区域的统称。家体现了一种深沉的力量，这种力量是关于修建房屋并生活在一个地方，以及稳定生活在温暖中的。

John Brinckerhoff Jackson（1909～1996）指出家的组成元素是日常可见的，比如屋前的草坪和后院的小菜园、果树（成年树或观赏树）、边界、围栏或树篱等。1951年，他曾在*Landscape*杂志上发表了一篇影响深远的文章，叫作*Ghosts at the Door*，当时他独自创办这本杂志并负责编辑工作长达几十年。他希望这本杂志能够引起受过良好教育的人对乡土景观或常见景观的关注，但他本人却从来不轻易对这些概念下定义。受过教育的人仍然经常会嘲笑城郊景观，因为景观如果缺乏创意和专业深度的话，往往会体现出一种同质性和索然无味的感觉。他们不喜欢城郊景观，而是与城市的刺激感、文化的多样性、建筑设计结构的智慧与严谨、景观设计师设计的室外空间、设计评论家复杂但细致的评论看法一致。在地铁站和其他地方，他们通常私下讨论这些话题。

Jackson强调了一些在景观评判中很基本的东西，比如“忠实于关于世界到底是什么样的传统想法，这个是我们在分析自己或别人时，总是很少考虑到的”，但是忠实于传统的社会、经济思想或传统的艺术观念却是可能的[1]。这一点证明了传统的强大之处。传统是现代文化的基础：必须确保孩子的安全；公共用水和污水处理系统应该高效运转；在陪审团证明被告有罪前，嫌疑人都被假定是清白的，尤其是丈夫作为被告时，在传统的教育下，妻子是不能作出对于自己丈夫不利的证明。虽然受过高等教育、敢于打破无形障碍的年轻女性在自己婚礼上经常穿一些借来的和蓝色的东西。尽管如此，她们仍然遵从父亲将女儿交到新郎手上的传统；同样，女性在年满十八岁后，可以免于义务兵役制，而男性不行；狗戴着项圈代表着喂养许可，但猫却不需要。

家养的猫很晚才被引到西欧和英国。很久以前，女巫饲养的小动物，如乌鸦、蝙蝠、刺猬等都与旧宗教力量有关。《牛津英语词典》中说到猫（cat）“是起源于未知的常见的欧洲生物”，这个英语词语源于拉丁语和古希腊语，并注释了没有任何一种形式“被保存在哥特式中”。不同国家的语言中，这个词代表的性别可能有所不同。在古爱尔兰语中，“cat（猫）”是雄性，但在威尔士语和科尼什（Cornish）语中，“cath（猫）”是雌性，这些可能源于古挪威语的阳性词“kött”；西班牙语“el gato”在德语中翻译为“die Katze”（这个词的拉丁语形式可能源自后期的拉丁语“cattus”）。1527年底，一位作者直截了当地评论道：“猎鼠者或藤条是有毒的。”因为雄猫一直捕杀老鼠，所以这句话暗示了人们对亲近雄猫的反感[2]。猫撕咬东西，惊吓人类，但在星座中下成为主角，它们与许多涉及夜间、茶水间、十字路口、魔鬼和灾难的事件有关。它们随心所欲地在街道上徘徊，吞食蟾蜍、鸟、蝴蝶、蛇和小兔子；它们也随意地跨越边界，不停给看门狗带来困扰。所有的动物爱好者们每年都会庆祝万圣节，但他们只邀请猫到他们的床上。

[1] Jackson, “Ghosts at the Door,” in Zube and Zube, *Changing Rural Landscapes*, 41, 43.
[2] Andrew, *Noble Lyfe and Natures of Bestes*, n.p.

传统的阴谋和诱惑就像猫一样，有时会咬伤人们。它扰乱了现代人，尤其是那些希望把保守者变得现代化的人。在听到现代主义的论调后，保守人士都经常提供另外的选择，通常是按照“instead（代替）”这个词来。那么，为什么不是郊区的大房子代替城市高层公寓楼呢?

Jackson 认为大多数美国人所珍视的景观是欧洲西北部的风景，“无论美国的种族起源是什么，不管他的家人在这个国家生活了多久，就精神上而言，我们都是大不列颠、爱尔兰等低地国家以及法国北部人和德国西部人的后代”[1]。1951年，这个断言给人一种粗俗和傲慢的感觉。几十年之后，此言论更深刻地激怒了一些人，一部分原因是它解释了珍贵的景观构成和对出身强烈的归属感。它的根源可以追溯到巨大的灾难，似乎与黑色星期五，即1307年10月13日有关[2]。郊区居民通过除草来阻止原始景观的回归。

事实上，幽灵潜伏在郊区的家门口，也许在上班族离开和返回的黄昏。他们是有形的，虽然忽隐忽现，但是可以触摸到。

在院子前，基本上未使用过的草坪代表着中世纪牧场的景象。没有人（尤其是顽皮的儿童）和动物的进入，它最后只会成为一片干草。如果它没有被人们用镰刀定期修剪，最后往往会被遗弃或用来堆肥。

房子的后面是后院，部分是农家院落，部分是牧场。孩子和饲养的动物，狗和猫在这里活动。如今后院里没有山羊、奶牛或是吃草的绵羊，但是依然有围栏，所以这个空间变得越来越封闭。围栏让门前的草坪不会暴露于公众视野中，避免了食肉动物、食草动物和其他生物的威胁。

在阳光明媚的后院里，通常会有一个小菜园，一年里它要经历从繁盛到零落的过程。春天，人们在菜园里种植西红柿；秋天，人们收获果实并栽种新的作物。小菜园便是田地耕种的代表。

---

[1] Jackson, “Ghosts at the Door,” 43-44.

[2] This was the day King Philip IV of France arrested the Knights Templar and disbanded the order: its stark horror endured as a symbol of precipitous bad fortune.

自花授粉的苹果树、梨树或是观赏樱花树长在小菜园附近。春天，果树悄然开花，树上有时会结出可食用的果实，人们把它们做成果酱和馅饼，但这些果实往往被松鼠和花栗鼠偷吃。这些果树有时候会被修剪，但这种情况很少发生。

一些次要的景观组成部分能让人回忆起许多内容。一些盆栽植物可以唤起家庭主妇对种植药用和烹饪材料的药草园的回忆；堆肥坑让人想起粪肥堆；鸟屋让人回忆起鸽棚（鸽棚是一种小平房）；一些林荫树是林地的记忆，也曾是建筑木材和冬季主要燃料的来源；车库（现在往往合并在房子中）让人想起储存东西的谷仓和马厩；花朵强调了对于美的内在需求，花苞被用来装饰教堂的祭坛，家庭主妇在阳光和煦的庭院里，格外珍视这些鲜花的色彩和香味。

所有这一切都以传统的、不成熟的方式发挥着作用，这一切也是景观历史的开端。但所有的一切也以一种不确定的方式在起着作用。没有什么建筑形式比规模化的郊区住宅更容易适应变化，尤其是根本性的变化。它提供了适应变化和预期的特殊可能性。有时候做出改变是简单的：有机饲养的母鸡唤起人们对过去控制个人饮食的回忆；无化学除草剂的草坪减轻了家长对幼儿和儿童的担忧，大菜园更是拥有惊人的生产力。有时变化会扰乱城市里的人。人们通过钻井得到纯净、无杂质的水，利用深层的地热井使附近的场地加热和冷却，让房子和车库的屋顶太阳能电池板发电，甚至新的木材或壁炉和车库后的木桩展现了家庭化规模的做法。官僚主义者们虽然抱怨英里每加仑的任务，却对拥有R-150绝热阁楼的郊区住宅，以及成本不到三分之一的公寓保持沉默。城市规划者认为企业兴起于空的卧室和地下室。城市人，尤其是受过教育的人决心拯救郊区、农村和小镇上的人，因为他们不信任这种创新的适应性，如果那些人不对此害怕的话。他们应该保持警惕。美式英语很少提供城市是一成不变的这样的保证。公民意味着其他的事物，都市人甚至意味着邋遢和乞讨。城市居民知道他们不会永远居住在城市里，城市是非自然的，甚至是不稳定和不持久的。

黑死病、鼠疫和肺鼠疫等老鼠和跳蚤传播的疾病席卷了亚洲，并沿丝绸之路进入克里米亚（Crimea），曾在1346年至1353年之间，导致了欧洲三分之二的人死亡。船只将逃离的热那亚商人和黑老鼠带到了西西里岛（Sicily）、热那亚（Genoa）和马赛（Marseilles）。从那里，船只又把瘟疫带到西班牙和葡萄牙，后来进入英格兰，再穿过北海到达现在的荷兰、比利时和德国。船只最后穿过波罗的海到达斯堪的纳维亚，并在俄罗斯传播开来。从大饥荒地区过来并携带病毒的老鼠随处可见，它严重的袭击了意大利城市［威尼斯有三分之二的人因此丧命，而博洛尼亚（Bologna）有五分之四的人死亡］；城市居民逃到农村，这也是Giovanni Boccaccio（薄伽丘）1353年的作品*Decameron*的背景设置在了佛罗伦萨（Florence）的原因[1]。

在西北部的前罗马帝国，瘟疫是非常致命的，一半甚至三分之二的英国人和东部低地人因此丧命。特别是在英格兰，人们很少对一些沿海的地中海人民进行抵抗。当地持续的战争时期，教会的腐败、滞后的封建制度、无能为力的集镇，使城市治理与君主想要拥有秩序良好的区域的愿景发生了冲突。君主、贵族和商人都自发地召集所有的农民一起抵抗一次次的饥荒。没有好收成，几乎没有其他可能性发生，甚至没有战争。获得丰收已经成为一件十分不确定的事情。

在13世纪后期，被气候学家命名的“小冰川期”开始了。在经历了两个世纪的深度寒冷和激烈的风暴后，开始了一个长期的逐步升温过程。在“中世纪暖期”，欧洲人口迅速增长。在温暖的时期，北欧人定居在今天的冰岛，后来迁移到格陵兰东边和西边的海岸，最终来到今天的纽芬兰岛。传说中提到格陵兰岛海水不会结冰，桦树和其他树木生长在沿海保护区，并且这里有很多草供牛食用。大约在1300年，气候突然发生了变化。这种急剧的变化引起了不列颠群岛和欧洲的大饥荒。从1315年那个春天开始，作物连续几年无收。大饥荒夺去了数百万人的生命，引起了内乱，导致杀婴和自相残杀事件频发。在黑死病来临前，大饥荒削减了整个人口的数量。

黑死病是一个比饥荒更糟糕的灾难。在第一次被消灭后，它仍然

[1] Boissonnade, *Life and Work*, 284-285.

呈地方性流行，并于1361年、1371年和1382年再次爆发。而与之相对的免疫力也发展起来：在1348年，几乎所有的人都被其折磨死了[1]，但在1382年只有五分之一的欧洲人患病，几乎没有人死亡。但第一次被黑死病传染的死亡人数意味着近乎瞬间的灭绝，甚至出现了整个农村没有人。幸存者放弃了许多地方，拼命寻找安全的栖息地[2]。

在英格兰和整个欧洲西北部，森林得到了恢复。绿草生长在城市的街道上，但让城市幸存者感到恐惧的是一个持久的诅咒："愿草在街道上生长。"在荒田里，杂草发芽、灌木丛生，接着成为树林；屋顶，尤其是茅草屋顶开始坠落，接着墙壁倒塌；四处的道路都消失了，有时快速路被倒下的树木或被淘汰的桥梁堵塞，被迫成为人行道或不再能够通行。社会秩序也因此恶化：棚户区和废弃的土地成为强盗袭击的基地，甚至有时以此威胁分散的军事力量。在德语中保留了一个旧词"ortsbewüstung"，意思是令人困惑的（bewildering）或是一个曾经被人维护的、有序的、令人喜爱的地方[3]。在英语中，"bewilderment"是一个新词，大约可追溯至1620年；一开始指的是在人迹罕至的地方（往往是一个黑暗的树林）迷路而困惑不已。但在使用过程中也被混淆过，来自古英语的单词"wilder"指被引入歧途，比如一个猎人在追逐野兽时可能被引入歧途而迷路。英语单词缺乏德语对空间性的强调，也缺乏德国民间故事中的那种坚韧不拔的精神和让人不安的暴力，尤其体现在那些由Wilhelm和Jacob Grimm早在19世纪所收集的故事中[4]。他们作品的全文译本（维多利亚人为了让它适合儿童阅读，通过删掉整个故事中的一部分或者改变一些故事的意义）讨论了家是可怕且强大的障碍，是一个被抛弃且人迹罕至的地方，是树林中女巫的房子，是引导其追随者的路径。孤独的连环杀手离开他那摇摇欲坠的小屋，目的在于寻找一个年轻女孩。幸免于黑死病的人是极少的，他们又因为农场工作变得虚弱和疲惫。他们意识到止步不

[1] Zinsser, *Rats*, 88-90. See also Abel, *Die Wüstungen*, esp. pp. 12-59.

[2] Sticker, *Abhandlungen aus der Seuchengeschichte* remains a detailed study. See also Laslett, *World We Have Lost*, 123-129.

[3] For a general introduction to the context of the word, see Häberle, *Wüstungen*.

[4] Grimm and Grimm, *Annotated* is the best translation.

前可能产生新的饥荒，也明白这些树木给偷走收获的粮食和女人的土匪提供了藏身之处[1]。因此幸存者不惜一切代价砍掉那些树木，让牧场、草地和耕地重新得到阳光的照射[2]。

但是堤坝再次坍塌了。大约二千年前，弗里西亚人筑起堤防，渠化河流，并砍伐树木。地势较低的北海岛提供了原始的茂密森林[3]。Holland现今位于多德雷赫特（Dordrecht）周边区域，准确地说这个名字来源于林丘和林地。并不是所有沼泽都是深不见底的，但低洼的森林被证明是很难改造成为农业用地的。许多世纪以来，弗里西亚的先驱者提出了建造由黏土、堆牛粪、芦苇和水生植物组成的土丘的想法，这些山丘大约高于日常水位50英尺，作为间歇性洪水的缓冲区。在旧弗里西亚语中，“terps”指的是村庄，每个村庄大约有50间甚至更多的房屋和一座教堂。在洪水期间，“terps”能提供足够的土地供牛群使用。但大多数村庄只有一所房子和被低地包围的农场建筑物。在一般的水灾时期，村庄成为“岛屿”，农民们在高水位时将水排进排水沟。

1282年，一场巨大的风暴摧毁了许多最外面的堤防和沟渠[4]。五年后，一场更大的风暴破坏了一切。被弗里西亚人称为“南海”的一个永久广阔的区域是须得海（Zuider Zee，艾瑟尔湖的旧称），这个名字纪念着北弗里西亚南部和远离北海的内陆的文明力量。1287年，圣·露西亚节（Saint Lucia’s Day）的风暴带来了异常高的浪潮（在今天可能会被人们称为“五百年难遇的秋季飓风”），淹死了五十八万人，并在一夜之间冲走了无数村庄。1900平方英里的土地被15英尺高的潮水瞬间淹没[5]。新形成的水湾淹没了牧场、草甸和农田，中断了道路交通，这场灾难让幸存者们突然陷入长期的饥饿和绝望中，并阻碍防洪、通航和土地改良长达六个世纪[6]。1348年，黑死病袭击了疲惫不

[1] Roux, *Territoire* is a useful introduction. See also Beresford, *Lost Villages*.
[2] Guyan, “Mittelalterlichen Wüstlegungen.” See also Fuhrmann, *Germany in the High Middle Ages*, esp. 6-30.
[3] German has a new term, for wetlands dried up by river channelization: **versteppung**. See Blackbourn, *Conquest of Nature*, 12.
[4] See Lamb, *Historic Storms of the North Sea* for an introduction to period storms.
[5] Buisman, *Duizend jaar weer, wind en water*, vol. 1, offers a detailed analysis.
[6] Van der Stadt, *Nederland in zeven overstromingen*.

堪的、数量大减的幸存者们，他们遭遇了大海大规模、永久性的侵蚀后，奋力地抢修和维护堤防、风车以及运河。由于防线崩溃了，毗邻大海的地方被缓慢淹没，他们因此至少损失了一半的人口。

存活下来的人远远不足以来筑堤防、抽水和铲土。数个世纪过去了，时间见证了创造土地（和造景）的缓慢过程。在Willem Albert Bachiene（1712—1783）去世后才出版的作品*Vaderlandsche geographie*（1791）中，记录了人们努力生存的真实情况[1]。但直到20世纪50年代，荷兰人才开始控制住须得海的情况。

圣·露西亚节的风暴淹没了英格兰的邓尼奇（Dunwich）。风暴前一天，这个城市的人口和商业繁荣程度可以与伦敦相媲美[2]。英语民间故事关于海浪的破坏力、洪水的灾难性和沙坝运动带来的死亡仍然让人战栗［几乎没有人记得风暴是如何侵入诺福克（Norfolk）的乡村和被称为The Broads的湿地区域］[3]。但是并不是所有的地方都遭遇了这些：位于须得海的一个村庄因为拥有内陆堤防而幸免于此，阿姆斯特丹因此成为一个繁荣的港口，并与向西延伸的新海相接。

Willem Albert Bachiene理解的巨大困难是将促进海洋贸易与解决农业的需要的土地扩展问题：他在这里描述了港口的复杂性。——哈佛大学图书馆

［1］At the end of the eighteenth century the situation remained grim in some spots: see Bachiene, *Vaderlandsche geographie*, 3: 1159-1386.

［2］On Dunwich, see Comfort, *Lost City*, and Manning, *Dunwich*.

［3］Carter, *Forgotten Ports*, 23-38.

离海较远但是仍在潮水区的内陆，船停靠在桥梁、码头道路交叉口，以及命名了许多荷兰小镇名字的大坝。

堤坝和运河相结合来维护复垦土地，它们靠风力发电也为比牧场稍高的村庄提供了机会。——哈佛大学图书馆

高桩用来保卫从潮汐和海浪中开垦出来的新土地：在这里，Bachiene说明了继续向海边扩展以及并联高架方式对防止洪灾的可能作用。——哈佛大学图书馆

*Vaderlandsche geographie*杂志强调它的作者必须将景观的概念理解为可持续的并且值得人类敬畏的。他认为人们从泥潭、沼泽、沙洲以及海洋中取得的东西有不同寻常的美，这一点甚至已经得到外国人的认可。——哈佛大学图书馆

几个世纪以来，细心的观察者，尤其是那些航行者对须得海及其周围地区充满好奇，还有消失的邓尼奇。他们不愿提及1717年惊人的沿海洪水所造成的破坏，这场洪水深入德国东北部，带来的风暴至少导致八千人丧命[1]。在1825年，Heinrich Heine在他的诗歌*A Wraith in the Sea*中写到，他思忖着躺在船舷边，看到下面的“一个城市，如白昼的日光般刺眼/中世纪的荷兰/充满了生机”[2]。大风暴和黑死病带来了一些恐慌，也带来了荒野的回归、大海的入侵、森林的蔓延、混乱的横生，破坏了人们建立和维护的秩序，破坏了曾经的稳定。

“stead”来源于古日耳曼语和后来的印欧语词根，以及与其同源的梵语词“sthiti”。在古英语和古弗里西亚语中，它大致是今天所指的“place（地方）”，但西弗里西亚人发音为“stêd”，而北弗里西亚人发音为“städ”，或许（编纂者不确定）更近似于古斯堪的纳维亚词“stad”。古英语“stede”演变成美国人流利使用的词汇，就像“place”在“homeplace”和“my place”中的使用一样，正如在“come over to my plac”或者“my place on the lake”中的使用情况一样。在北弗里西亚，早期的发音与现代荷兰语“stad”和德语“satdt”是相似的，两者都指的是城镇或在德国更多的指城市。这种区别提供了英语思维在“homestead（家园）”和“farmstead（农庄）”相似的表达，与家相关的单词是可靠的，尤其是那些位于在城市和城镇之外的，在开放城市的社区中以及在J. R. R. Tolkien的*The Hobbit*《霍比特人》描写的郡中的家[3]。

这些英语单词指长期稳定的、以房屋及其附属建筑为中心的家庭规模的农业生产方式，而不是村庄或是乡镇企业。农民可以住在小村庄、村镇和其他地方，但Peter Laslett在*The World We Have Lost: England Before the Industrial Age*一书中强调村里的农民或农业工人从家到

[1] Jakubowski-Tiessen, *Sturmflut 1717* is a detailed history of this less serious but still culture-wrenching storm.

[2] In Heine, *North Sea*, 70-71.

[3] Much of Tolkien's work is grounded in sophisticated understanding of folkore; see, for example, Davidson, "Folklore and Man's Past," and Opie, "Tentacles of Tradition." On the folklore of houses especially, see William, "Protection of the House."

工作的地方，“在自行车道和铺设的高速公路存在前有固定的距离”，“超越了这个距离，虽然一整天的工作没有问题，但他们会花太多的时间在路上”[1]。被给予了社会秩序和确定性，这些家庭发现他们生活在更高效区域的中心。他们经常不分昼夜地照顾牲畜，并且还会在月光下收割庄稼。直到自行车和其他机械的发明，严谨的规则才重新塑造了农业，维持了农民家庭的秩序，规范了农业景观的布局[2]。但随着人口的增长，有些家庭离开原来的村庄，在林地的边缘开拓新的村庄。在和平年代，一些家庭搬出村庄而变得独立起来。“farmstead”（在美国更多常见的是“homestead”这个单词）是家扎根的地方。在干旱和丰收的岁月里，这些家庭都全力在土地上耕种，很多工作都在房子、谷仓和其他土地中心的构筑物中进行，他们被围栏围起来成为一个院子。当然家庭之间也经常合作。男人们带着马努力春耕，女人们则帮助收割和储存粮食，邻居们帮忙建造或维修房屋和谷仓。由于农业生产效率明显提高，具有广阔空间的私人农场产生，在农场布局中，人们主要在位于中心的、结构紧凑的建筑中活动。

黑死病改变了英国荒野的殖民统治，尤其是森林荒野的殖民地。Maurice Beresford（1920～2005）是景观研究的另一位创始人，在他1957年所写的*History on the Ground: Six Studies in Maps and Landscapes*一书中，呼吁对几乎不可辨认的农村遗址感兴趣的读者一定要仔细和反复观察。“熟悉会让你理解，”他在题为“被遗弃的村庄之间的旅程”的一章中写到。“因为存在很多的考古特征，所以一系列的考古采访资料给我们留下了更全面的图片。”三年前，在他*Lost Villages of England*一书中不但分析了中世纪乡村的创造情况，还对其突然被遗弃的情况进行了阐述。他在*History on the Ground*一书中指出该书的目标读者是那些有决心和想法去探索农村的研究者。他指出：“值得肯定的是，1349年的黑死病和接下来二十年的瘟疫创造了一个经济局面，这在许多方面是相悖的。这种局面促进了村庄的成长和领

[1] Laslett, *World We Have Lost*, 80. See also Chisholm, *Rural Settlement*, 48-50. Walking speed governs much spacing in traditional landscape.

[2] On early bicycles in villages, see Moreau, *Departed Village*, 132-142.

域的扩展。”[1]在当时，整个村庄的人口减少，秩序混乱，甚至过剩的农产品市场崩溃。不稳定因素在远处的田地和森林中，那里藏匿着对贫瘠的田地、贫穷的村庄和城镇心存歹意的不法分子。聪明的徒步者可能会在英格兰的乡村找到细微的证据。

自20世纪60年代以来，气候学家研究丹麦、格陵兰和加拿大的旅行者的发现：在过去的四个世纪，亚北极树线向南移动超过100英里。变化的速度困扰着科学家们，但这有助于解释除了定居在格陵兰岛的挪威人的灭绝以外的许多事情[2]。从12世纪末到16世纪中期（根据一些科学家所言也可能是17世纪初），在黑死病暴发之后，寒冷的气候和风暴让农业耕种发展缓慢。1550年，造林运动加速，幸存者却因为粮食歉收而减少，他们把精力放在比遥远的田野边缘还远的其他地方。疾病，尤其是造成新生儿死亡率提高的疾病阻碍了经济复苏[3]。农民努力让新生的羔羊在暴风雪中存活，只耕种最肥沃的田地，并且去那些已经面目全非的地方收集柴火。他们见证了造林运动的失败，带给人们的只有绝望。

在偏远的农村地区，景观的证据和长期存在的民间记忆结合起来，让人联想起小冰川时代[4]。在东格陵兰西海岸很多地方，繁荣发展的挪威先驱发现自己的前行路线在冰岛和欧洲大陆被中断：冰和大风终止了贸易，甚至中断了到文兰（Vinland）进行建筑木材交易的西向路线。侵略者们来自遥远的北方，他们是穿着皮草的专业猎人，也是在北极条件下有着丰富经验的人：几十年来他们杀戮了几乎不能种地的佝偻病灾区的挪威人。直到20世纪早期，丹麦科学家才弄清大约在1750年，捕鲸人和其他水手所谈到的异事趣闻是什么：遗址显示了大多数爱斯基摩人曾居住的格陵兰入口的海岸，这也证实了最后的冰

[1] Beresford, *History on the Ground*, 96-97.

[2] Mowat, *West Viking*, emphasizes what individuals may learn from direct observation in Newfoundland: see esp. 314-319.

[3] Fagan, *The Little Ice Age* is a good introduction. For a more detailed study, see Grove, *Little Ice Age*.

[4] Mckinzey, Ólafsdóttir, and Dugmore, “Perception, History, and Science” offers an introduction to such in Iceland.

岛传奇叙事，以及居住者与被迫成为奴隶的人之间的冲突。

如果在1477年，哥伦布确实去了冰岛，并直接听到关于西部土地的口述，他从船员那里了解到关于格陵兰岛的因纽特人雇主的事情，就可以很好地解释他对待加勒比海居民的态度[1]。对任何人而言，在维京人被屠杀的地方定居，都是心存恐惧的。小冰川期很好地塑造了现代西方文化。荒野威胁着14世纪和15世纪的人，包括那些精英人士。小冰川期不只意味着深海、山脊或茂密的森林，还意味着海洋的入侵、冰川的进退，以及山路被暴风雪阻断几个月；小冰川期还意味着退耕造林，不见天日的树林、沼泽、饥荒、瘟疫以及持续的不确定性；小冰川期还意味着寒冷、痛苦和间歇性的绝望，以及不稳定、紊乱、间歇性的混沌[2]。

因此这种替代聚集了惊人的力量。它宣布了一种秩序，英国普通法中确定了英格兰自耕农作为土地所有者的基本秩序，他们需要对土地负责，对土地上的生物负责，对他们的家庭和农场工人负责；还需要服从于陪审团、审讯人和每一个司法官或法官提出的内容；还需要纳税以及参加战争，遵守法律，并尊重国王。每一次替代都是秩序的典范，加强了秩序也宣布了秩序；每一次替代也为新的秩序提供支持。

这种替代与森林、沼泽，或者常常无法控制的水，或者可能发生洪水的河流、可能到达内陆的海水和野生动物，或者可能咬死牲畜的狼、熊和猞猁，或者急于吞噬整个丰收成果而且被怀疑携带了瘟疫的老鼠，进行着抗衡。在森林和沼泽中，沿着河岸埋伏着可能靠欺诈为生的罪犯。所有混乱的力量，甚至风都威胁着这种替代。

在瘟疫期间和小冰川期，人们对在茂密的森林中生活产生了质疑，并表达了对新的生存空间的喜爱，即在阳光照射的区域和与之相邻的其他阳光照射区域生活。在许多民间传说中，特别是在故事的开

[1] See Ruddock, "Columbus and Iceland," and Quinn, "Columbus and the North." The Inuit differ from the extinct Dorset, whose ruins the Norse found: the Dorset may have been unable to survive in the warm centuries preceding the Norse arrival.

[2] On climate change and its effects in the period, see Lamb, *Climate: Present, Past, Future* and *Climate, History, and the Modern World*.

头（例如“很久以前，在国王的统治下”），景观是被农田包围的，到处都是代表着和平、秩序、丰收的城堡和小村庄。英国殖民者带来了拥有茂密森林的新世界，它让大部分的殖民化成型，让人们对被玉米地包围的木屋喜爱不已，家从原始的荒野逐渐发展成丰富的意象[1]。至少在空间方面，美国梦源于以前的公共卫生和气候灾难，因为当时的自然系统已经不能满足人类的发展需要。

住在郊区的人去地里挖野草，去阁楼选松鼠，最重要的是通过将树叶分类，试图引导和控制海湾的自然环境，保持海湾的原始性。在快速的气候变化（也许是公共卫生）和最新的森林宪章中，家作为郊区的替代，是文化、政治的基础，也是对景观不感兴趣的政治理论家所忽略的空间秩序[2]。可持续发展的城市在理论上似乎是件矛盾的事情。

[1] Stilgoe, *Common Landscape*, esp. 135-202. See also Pastore, *Between Land and Sea*.
[2] Stilgoe, *Borderland*, provides one view of the importance of the stead in American concepts of suburban landscape.

犁尖切进土壤，就会形成一道沟，翻覆的土壤又填充了相邻的沟，进而创造出一块土地。

——John R. Stilgoe

Chapter 6

6 FARM，远离城市

无论是感恩节还是圣诞节，家的形式都是一样的：制作贺卡的公司在绘制家的插画时，仍然强调农场是美国的象征。尽管城市与郊区同时存在，但是农场仍然是地理学家所谓的开放性城市社区，以及众所周知的美国梦的主要组成部分。规模化的郊区住宅既是一个农场，也是退化的耕地和果园。但是更准确地说，大量的城郊景观是按照殖民地时期的风格设计的[1]。人们希望能够拥有自己的独立空间，避免被过度监控，因为美国人认为监控是理所当然的权利。只要人们都关心农田和牲畜，宽容的精神便会在开放的城市社区越来越普遍。住得较远的邻居被证明是很容易相处的，这就是所谓的眼不见心不烦，因为彼此不是很了解对方，也就很少有矛盾产生。

农场是自给自足的家庭形式。从殖民时期开始，农民们进行交易，南方烟草种植者和哈得孙河谷（Hudson Valley）胆怯的农民之间的交易数量超过了大多数交易，但大家交换的都是农作物或农场产物、糖或其他来自田地以外的东西。在中世纪时期，庄园主收取每个佃农耕种土地的租金。诺曼词“firma”（源于拉丁语“firmare”，意思

[1] Stilgoe, *Borderland*, esp. 67-127.

是固定）先演变成“firm（公司）”，后来成为“farm（农场）”；但发音的变化也许来自真正的古英语词“feorm”，后来在诺森伯兰（Northumberland）成为“faerm”，这明显来自日耳曼词根“fermâ”[1]。

《牛津英语词典》的编纂者为“firma”一词争论不休，他们坚定地认为如果英语单词“firma”吸收了拉丁语“firnzare”的意思，这种情况应该很早就发生了。但是在中世纪，用拉丁文写作的英语作家就把“firma”理解为盛宴的意思。制作贺卡的公司为了避免引起争议：在贺卡上绘制了种植粮食的田地、建筑物，以及储存粮食的仓库。

但后来“farm”演变成了“firm”。虽然自20世纪中期以来，“firm”指的是有两个或两个以上成员的商业公司，但是在19世纪，一些英国作家用“firm”来表示“farm”的意思。个人之间的协议需要通过某种形式确认，或者双方握手确认，或者签名确定。“firm”的这个含义是通过西班牙和葡萄牙的银行家传入英语中的。而“company”是一个更古老的词语，它来自拉丁语词根，意思是那些一起共餐的人结伴迁移。比如，中世纪的戏剧公司会从一个场地转移到另一个场地，贸易公司从一个贸易交易会到另一个交易会，制造公司也会从一个工业城市迁移到另一个远离海岸的城市。

在商业环境中，“firm”这个词要年轻得多，它更像“company”的替代，强调了稳定性：15世纪，英国作家写到了婚姻的稳定性，即没有任何人类的力量可以破坏婚姻协议，这样的协议一直持续到死亡。当一个“firm（公司）”成为一个“farm（农场）”时，它坚定地存在于一个地方，并被迫在这个地方上经营生活。农民可能卖光东西，乘着货车向西迁移或乘着老爷车逃难，但他们离开农场后，这里可能会继续由其他家庭耕种，或者成为荒地，或者由房地产开发商开发。一个家庭所拥有的农场既包括家庭生活，也包括商业生产活动。生产生活所需原材料的商业化只会使农场固有的意义变得更加复杂。

孩子们很小就能理解那些让官僚、法学家和学者苦恼的事情。在

[1] Shipley, *Dictionary*, explicates the argument for the Latin origin of the modern English word **farm**.

孩子们学会真正阅读之前，孩子们看到的马、牛、猪、羊、鸡和其他农场动物的图片，通常给人们呈现的都是和平相处、快乐积极的场景。父母用洪亮的声音读那些动物的名字，并模仿动物的叫声，孩子们也会跟着父母一起发出这些声音。接着，书的下一页便展现了一个理想中的古老景象，即一座独立的、拥有混合农业模式的农场在乡村中繁荣发展，但这座农场的邻居并没有出现在画上。Lisa Bonforte所作*Who Lives on the Farm?*一书和同类书一样，被内心阳光的成年人作为最大的精神力量之一大声地朗读，以期理解景观和农业企业[1]。除此之外，还有类似关注露天矿、炼油厂、测井作业的书籍，甚至还有几乎无法想象的关于机场建造的书籍。

儿童看的农场书籍图文并茂地展示了农场的经营模式。谷仓是一座有干草的复斜屋顶建筑的形象；作为一种比较稳定且少见的粮仓，谷仓一般正对着有鸡舍和农舍的农家宅院；按模型制造的拖拉机毫无疑问被停放在谷仓里，因为当时并没有拖拉机棚；那个时候围场还不存在，马和牛在附近仓院的草地上嬉戏或是休息，仓院被几条长长的铁路围栏分离开来；在谷仓外，有时会长出几排玉米，开始玉米是明亮的绿色，当它变成金黄色时，就意味着快要收获了。在大多数场景的远方背景中，大片随风起伏的绿色农田中会有一两棵零落的树。这些图画上的东西的比例不符合常规的尺寸，它们都被画得极小：谷仓是小的，鸡舍也小，甚至马厩遮挡面积不超过一两匹马；肥堆、筒仓、犁、打包机以及其他可以运输的器具（如拖拉机和汽车）都没有。尽管已经有大量关于卡车和汽车的书籍，但是与农场有关的书籍描绘的内容不同：对农场而言，一辆小型拖拉机（没有垂直滚动保护结构，因此在当代机械框架中是很引人注目的）就能够应付农场的劳作。关于为什么马会生活在农场里一直是让人困惑的，因为插画家既没有画出犁，也没有画出马车，上面出现的牲畜仅仅是宠物而已。

儿童书籍往往描绘的是成年人希望孩子们看到的世界的样子。书中的农场像城堡一样位于阳光明媚的沙滩上。在附近进行培训的人向

---

[1] See also Cooper, *Farm*, and Elliott, *On the Farm*.

人们介绍和解释什么是高高的蓝色粮仓、闪亮的金属板饲料输送系统、与其他自动化设备相结合的工具、机械化拖拉机以及中心支轴式喷灌机（灌溉半径可达半英里长）。他们明确了单一作物农场数量的增加情况，伊利诺斯（Illinois）南部巨大的玉米农场、北达科他州（North Dakota）几千英亩的向日葵以及怀俄明州（Wyoming）的麦田，主要为得克萨斯州（Texas）肉牛育肥企业提供原材料。课堂教学和长途汽车旅行可能强调了农业的规模。每个家庭生活在一块土地中心的相邻社区中，由Thomas Jefferson和其他同时代人规划的地籍调查面积是一个640英亩的正方形，这是调查路易斯安那州购买案（Louisiana Purchase）和卖出西部土地的最佳方式。在典型的美国农场，如果没有成千上万亩的耕地的话，它的建筑物恰好在成百上千亩土地的中心。这个形象让许多城市居民和外国人印象深刻[1]，因为建筑物孤零零地坐落在一片土地上。

通过学习和详细谨慎的使用，农民可以知道胶轮拖拉机在乡村道路上的行驶速度，因此农民可以耕种离家很远的土地。汽车和校车沿着碎石子路飞快前行，沿着田边骑全地形车的孩子们去找自己的朋友玩耍，甚至还有一些孩子（特别是小女孩）骑马去自己的朋友家。通过查看地图和沿着路段慢慢行驶，我们可以发现长期废弃的谷仓、房屋遗迹和只有一个房间的学校，这已经显示出和城市相媲美的巨大规模。单一的规模是学前农场书籍介绍的主要内容。

很早以前，农场就扩大到160英亩的四分之一，每40英亩的土地由一个贫穷的家庭和一头骡子耕种。今天很少有农民谈论“40英亩”或者“five more acres in the lower forty（在低洼的40英亩地中的5英亩）”，后者出自1967年Bobbie Gentry所作的歌曲*Ode to Billie Joe*。目前小农场仍然存在，并且是发展得最好的，因为它们充满了爱、秩序和希望，但是在儿童书籍中已经很少提到了。现在的农场很多规模庞大，但令人惊奇的仍然是家庭农场，因为它们的拥有者合并了遗产税和保险。每个家庭的第二代或第三代人需要通过家庭土地谋生，但

[1] Plunkett, *Rural Life* pioneered an entire genre.

独立的家庭住房位于农场的中心，这一点从轻型飞机上俯瞰更加明显。雇工仍在农场工作，他们经常住在远离农庄的地方，有时住在移动的房屋中，有时住在租借房子中。考虑到巨大的种植面积和成本，即使有二手拖拉机和其他机械设备的帮助，也很少有雇工会经营自己的农场（除非是大农场或者和农场主的女儿结婚）。

但是，正规教育往往会忽视农业，并且大多数美国家庭缺乏金钱或时间，甚至是车辆，来进行一场途经农业地区的伟大而漫长的公路旅行。在西进运动肤浅的教训后（所有人都忽略了先驱者种植的农作物），创办学校失败。那些从普尔曼式车窗中看到的曾经教给特权阶级东西，那些通用汽车曾在1949年作为商业广告（“在你的雪佛兰中看到美国”）的想象，那些国家公园服务所希望发生的事情，那些成千上万的孩子被载到西部迪士尼乐园的期待，在出现了廉价机票后，通通都实现了。今天，大多数美国农业因为所谓的“fly-over states”的号召而发展繁荣，在阳光明媚的日子里，不同色调的绿色或黄色的田地会出现在乘客眼前。穿越整个国家会让城里人感到不安，尤其是在选举的时候。尽管美国很多地方都地广人稀，每次选举各地还是会派两名参议员到华盛顿。这些议员会在选举中提出了一些历史遗留下来并棘手的议题，比如关于枪支所有权和缺乏枪支犯罪法的问题，最近还有议员提出了关于非法持有毒品、农村团伙犯罪、非法移民，特别是基因工程的问题。由GPS和车载电脑控制的机器人拖拉机进行农作物种植，让那些致力于有机饮食的都市游客感到担忧。现代农民应该做什么工作呢？什么牲畜会生活在巨大的金属建筑物中，而且建筑物没有设置铁丝网和警报的大门？什么样的遗传基因工程已经模糊了绿色食品的界限？已经能分辨高粱和大豆的成年人，当他们飞行经过一片土地上空时，眼睛会始终注视着道路。他们在家里陪着孩子，沉浸于图画书中稳定、安逸的农业场景中。但是在乡村道路上，他们会盯着那些自己叫不出名字的、整齐有序的、没有杂草的大面积农作物田地和包括鸵鸟在内的转基因动物，那些情景都是在过去的十年间从来没有这么频繁地看过的。

马、牛、羊通常在牧场吃草，但有时也在开放区域。中世纪传统里，牲畜一般在公共土地上自由放养。“pascuage”是诺曼和法律法语中户外饲养的意思，后来与它的同源词“pascua”在普通法中逐渐消失。Henry Campbell Black在他编写的*Law Dictionary*中对之进行了定义，即一块特定的草地或牧场（不适于喂牛）；“pascua silva”是指可用于饲养牲畜的木材[1]。作为一个英语化的法律术语，“pascuage”不仅指动物吃草和特定的一块土地，以及在不同的土地上牲畜的权利，也指从牧场割下的干草（不是草地）。“一群粗心的羊/充满了整个牧场/在他周围跳跃/却从来不会留下来迎接他”，这段话出现在*As You Like It*中[2]。蓝色的小男孩必须吹响他的喇叭才能召集齐他的动物，因为羊在草地上放牧，牛在玉米地里耕作：这两种动物都属于牧场。

“meadow”来自古英语词“mǽdwe”，但看起来两者是没有相关性的。虽然它与古弗里西亚语“mêde”以及古荷兰语“mada”有关，但这个英语术语仍然让词典编纂者费解，也许是因为它基于一个缺乏同义词的元音区域拐点“mead”。长单词似乎比短的那个词更古老：两者都表示在无际的草原收割干草。但“meadow”（通常写成“myddoe”）在16世纪的时候意味着一块潮湿的区域（也许是沿河流域）。药草商William Turner在1568年的*Althea officinalis*一书中描写过这样一种植物，“自然生长在水边的marrish和myddoes”，在北海盐沼中，真正的蜀葵是很常见的[3]。诺曼人有时把“meadow”理解为“pré”的同义词。

在*The Making of the Pré*这首诗中，法国诗人Francis Ponge记录了他四十年来在探寻河畔草地之间的联系和点缀功能的努力。在草地的启发下，他说道：“也许草地对树林而言，就像沙滩对悬崖的意义一样。”[4]直到17世纪，当“glade”真正成为一种文学（尤其是诗歌）术语时，它指散落在草坪上的干草皮。很久以前，“meadow”表示湿的东西；在现代德国，“matte”表示在编制垫子过程中编织莎草或者

[1] Black, *Law Dictionary*, under “pascua.”

[2] Shakespeare, *As You Like It*, II.i.

[3] Turner, *First and Second Partes*, I, B, viii. The true marshmallow is not the common mallow.

[4] Ponge, *Making of the Pré*, 57.

灯芯草。也许是因为日耳曼民族的崛起，到6世纪，“matt”或“me-att”可能都是习得的词语，和一个发音相似的但产生于法国的拉丁词发生了融合，意思是桌布。当赤脚走在草地上时，你才会发现所有的用法都是重要的。许多草地是潮湿的，牧民最好确保囤有两到三季有营养的牧草，在夏天将其晒干。牲畜践踏草地，打扰了人们的小憩，因此使用镰刀割草也是非常必要的。遗弃意味着接下来会被杂草、木本灌木，还有乔木侵占，最终以邻近的森林持续侵占而结束。Ponge对于海滩和峭壁、草地和树林的认识似乎是正确的。

法律的传统性强调了饲养动物的重要性，因为这些动物往往属于雇农和其他没有土地和租赁土地的穷人。早在中世纪大宪章时代，特别是森林宪章时代，传统上只允许穷人带着他们极少的动物在共同拥有的牧场上进行放牧。分配放牧权一直进展得比较顺利，都是根据货物的等级进行分配。贵族家庭的许多牲畜在公共牧场进行放牧，但在这里放牧的自耕农很少，村民也很少，而贵族放牧的数量和那些穷人比起来只差一两只。常见的牧场通常包括庄园和小村庄外的一圈空旷的草地，外耕地的内圈定期耕种但间歇性休耕。除了冬天，每天早上放牛人和其他儿童会把这些动物集中起来，驱赶它们沿着种植小麦、黑麦和其他常见作物的牧场围栏吃草；晚上，他们再把动物们赶回来。传统观念决定了共同牧场的划分：小姑娘们把成群的鹅放在为他们预留的小牧场上；公牛和公羊经常在坚固的篱笆围起来的牧场里活动，使它们不和母牛和母羊进行繁殖；马有时也会在牛旁边吃草。法律的定义表明，牛是非常重要的。对于大多数的家庭而言，牛比马重要得多：牛奶（以及黄油和奶酪）是重要的，牛肉能够为人们提供能量。但每一个庄园和村庄都需要用牛或马来耕种共同的耕地，而有的家庭太穷，没法养活一匹马或其他有价值的动物[1]。

季节变化赋予了共同放牧的特征性，但另一个核心因素导致了村里牲畜的集中和分散。从春末到深秋，家庭驱车把他们的动物带到一座牧场的中心位置进行放牧；也是在同一地点，牧民把动物归还给个

[1] Darby, *Domesday England* is a good introduction.

人（通常是年轻的孩子把放牧的动物带到马厩）。开放的地区被称为绿色区域（也许是因为肥料让牧草生长得很好），在18世纪末是一种常见的现象：后一种放牧方式掩盖了共同或开放区域农业的复杂性，特别是当它存在于中世纪时。饲养牲畜、种植作物和收获农作物成了家庭的基础工作，在不同的地区、民族、国家，甚至在每一个村庄以一种共同努力的方式进行着。今天在教室里几乎没有了强调农奴、封建、庄园和所谓的黑暗时代等的课程，宗教推动了风景价值及在欧洲和英国乡村大部分的旅游产业。游客对于产生某种特定风景的力量知之甚少，但他们知道风景是很美丽的或至少是静谧的。

阳光洒满绿色的草地，牛、羊静静地站在牧场中央，人们来到附近的酒吧或旅馆享用一顿美好的午餐。不了解常见农业的游客对这样的景象会发出羡慕的声音。

他们看到的是时代轮廓模糊后的庄园，贵族和农奴家庭被与森林相邻的农田包围起来。庄园在以前意味着一大片由国王赐给贵族的土地，并留为己用（进行租赁），以及把其他部分赐予他的主要追随者，这些土地的大多数都与租户共同管理。身份低微的追随者在战斗中可以证明自己的勇敢，也可能获得小的永久产权，但通常情况下土地所有权是继承的。“manor”现在指贵族的领地，贵族和他的同伴制定了大宪章和森林宪章。贵族们往往生活在小城堡中，周围是佃农耕作的农业用地。“manor house”有时候表示房子、谷仓和忠诚追随者（或其后裔）所住的其他建筑。租户们需要通过收获的庄稼或在田地里工作来抵房租。不管制度多么古老，在中世纪早期，房租取决于土地所有权的书面文件，这就意味着与土地有关的古英语词已经存在于现代法中。

William（威廉一世）在1086年编制了*Domesday Book*（用诺曼拉丁文书写，里面有很多征服前的英格兰和威尔士关于土地的术语，编译者忠实地抄写了下来但自己并不明白）一书，记录了最佳的所有权传统[1]。但是“manor”和“manor house”最终改变了原意，后者表

[1] See Williams, ed., *Domesday Book* for background.

示那些不需要从事体力劳动的地方绅士的大房子。正字法造成了这种变化。当代的短语“to the manner born”指的是某人有一种与生俱来的优雅或气质（归因于贵族），但应该写为“to the manor born”。宽敞舒适且温馨的家或房子会吸引游客，另外附近的古雅村落也吸引着游客。现代旅游让人无法联想到常见的养殖场和贵族，但却让传统小规模的农业生态蓬勃发展起来。

耕地、培育作物，尤其在丰收时，每个人都需要劳作，即使是庄园的男女主人。不管动物在成文法中都有哪些权利，他们在自然法中都拥有更多的权利。牧草和干草，以及燕麦或小麦的一部分，已经能够养活这些四条腿的动物们。

贵族饲养的牛或马加入了较为富有的平民喂养的牲畜中，一起开垦森林中的土地。犁地是一项辛苦的劳动。铁头木犁会耗尽牲畜和农民的力气（虽然英国农民的午餐是酒吧提供），尤其是在溪水旁泥泞的土地和黏性较重的土壤中犁地[1]。人和牲畜前进时，犁会翻耕土地，翻动土地的犁头被抬高。被犁尖划过的一条狭长的沟渠便是一条犁沟。

配备了犁的现代化拖拉机揭示了一些关于基础景观的关键点。

“furrow（犁沟）”一词有很古老的根源，词典编纂者仍然在挖掘、梳理古日耳曼的部分含义，这个词有对水中荡漾的光亮的渴望的意思。还有一个重要的根源，以前指的是南方；但更重要且明显的根源在古英语“furh”中（和古斯堪的纳维亚语和中古荷兰语相比），“furh”指的是一条沟或排水。在这里，词源的意义是至关重要的，因为每一条沟都属于一个人，每一个沟都属于一块土地。

土壤被犁尖抛向空中，滚动的犁尖就像波涛撞击海滩，上升之后最终掉落在犁沟山脊隆起的土地中。在最肥沃的田地里，那些土地保持向南的平缓坡度（在春天保持温暖和在下雨天保证良好排水），农民在山顶沿着山边挖出沟渠。如果地面是湿的，挖掘的地面会形成一个短暂且微湿的沟槽。在调转方向往相反的方向耕作时，农民会犁出

[1] Lennard, *Rural England* remains a strong introduction to such details.

一条平行的沟，翻出的土填满相邻的沟。牛或马来来回回拉动笨重的犁，农民不停地来回走，并努力让犁保持直立且沿直线移动。

土地的规模一直都是变化的，但与土地相关的度量单位却很早就产生了——弗朗（furlong）和英亩（acre）。弗朗基于共同的耕地：它表示在一个共同的区域中沟的长度，这样的区域传统上被认为是10英亩的面积（在英格兰的不同地区会有所不同）。1弗朗是40杆或柱，形成一个完美的正方形，是生产面积为10英亩的一侧线性测量。和其他古老的度量单位一样，弗朗是丰富历史文明的一部分。至少9世纪以来，英国人把它与罗马体育场面积相等同，并且在一条法令中写到弗朗表示罗马英里的八分之一。目前，“弗朗”指的是220码，法律意义上1英里的八分之一和一个10英亩的正方形的一侧。“acre”与古英语“æcer”和在古斯堪的纳维亚语“akr”是同源词。古弗里西亚语“ekker”和梵文“ajras” 类似，表示平原、田野、森林和闲置的土地；但在一千年前的英国，这个词表示犁过的土地。传统上认为两头牛和一个农民在一天中能开垦出大量的土地，英文法律中定义了“acre”为长40杆、宽4杆，面积一般为4840平方米的院子。议会承认所有以亩为单位的土地。只有在关于墓地的术语中，如“God’s acre”中，“acre”具有更古老、更原始的意思。

“acre”作为适用于土地的测量单位，主要用于复杂的土地表面的测量，1平方英里等于640英亩。法国革命家和其他度量体系的支持者忽视了英国传统度量的基本原则，英国人（特别是穷人）在度量方面通常强调整体的划分。比如以一为计量单位出售的东西，如果不是按十或者五来划分，便是在一、二、三、四和六之间分组。人们知道一天有二十四个小时，但白天和黑夜的长短常常随季节而变化。通常人们希望孩子们能远离封建迷信：翻耕往往在春天和秋天进行，劳作的时间也比夏天短一些。

年轻人可能不知道几何学对于农业的意义。一块正方形的土地，如果它的边长是4英尺，那么它的面积和周长都是16平方英尺（1平方英尺＝0.09平方米）；而一块宽为2英尺，长为8英尺的矩形土地，虽然面积依然是16平方英尺，但它的周长却是20英尺。因此，矩形的区域需要更多的人力投入和围栏材料，这也是自古以来农民知道的，正方形区域更能让作物免受流浪动物的损害。

轮作意味着一些共同的区域可能在一年内休耕，比如农民翻耕牧场中的土地用来种植小麦，而另一片草地作为牧场等。围栏圈起了大部分区域，多数农民设置数平方米大小的区域用来轮作。围栏主要用来圈养牲畜，当牲畜长到一定大小就可以自由行动了。开车从农场或村庄到农田，需要从专门的狭窄小径经过，小径两旁设有栏杆，可以通过栏杆的破坏情况判断动物们有没有进入庄稼。小径也仅仅是小径。即使他们发现前面已经没有路走，当地人也仍然知道如何找到车道。车道往往可供手推车和货车通行，尤其是在收获季节，最宽的一条也仅能容两车相遇。无论是道路还是高速公路，道路和车道都规划了进入复杂区域的入口。在农场中，每个人都需要工作，年长的妇女照顾婴幼儿，年轻的母亲跟着携带镰刀的丈夫劳动，老人照顾饲养的鸡以及确保牲畜不会跑出放牧区。在美国农村，尤其是在前殖民地时期，类似“cart path”这样的表达被保留了下来，它指的是农民使用的窄路（在新英格兰道路两旁布满石头墙，而现在被森林压垮）。“cow path”一词引起了人们的误解，牛行走的曲折蜿蜒的道路不算窄，略大于人行道；因为奶牛成群结队并排缓行，所以形成了更宽的道路。很早之前人们就不再把它作为人行道，进而逐渐演变成公共道路。大路、小径和石墙可以让游客欣赏到不同区域的景色，这些景象是城市居民很难想象的，城市的孩子们只能通过带插图的书了解相关内容。

几个世纪以来，共同区域系统在英国发展成为一个独立的自耕农家庭农场。贵族们把自耕农家庭和小型家庭的农场租借给房客们，他们自己却居住在比那些富裕的自耕农所拥有的房屋还小的庄园里。农村经济的变化有时接近于冰川移动的速度，有时又像闪电（如在18世纪的圈地运动期间，许多穷人失去了他们的权利，共同放牧和议会分割了最后一个共同的区域给每一个人），但它仍然会发生，即使在最传统的地方，因为人口增长会带动经济变化。由于森林现有的区域和新的区域最终容纳不了下一代年轻人的崛起，他们其中一部分人选择离开，有的去海边或新的殖民地，有的转移到工业区；有的不断努力，在没有人烟的土地上建造别墅。离村庄太远的田地，远到甚至不能通过步行来回，就意味着与社会群体分离，但是只要国王维持安定，家庭里的人就能离开村庄，生活在独立的农场中。

王权，在 Hobbesian（霍布斯）思想影响下的利维坦政府本身，进行了威严的官方运动，即土地从一个党派转让给另一个党派。国王和骑士、警长、法医以及其他官员来维持社会稳定，土地有序转让在界限中描述道（尤其是标题）：从大橡树走来，下至四岩溪，东至皇家公路，所有关于土地的语言描述记录在城堡和郡法院中。在万圣节前夕，农民将大萝卜雕刻成南瓜灯的样子，这是偷盗或移动边界标记的象征：很久以前，不列颠成为罗马的一个省，人们开始崇拜 Terminus（忒耳弥努斯，是守界神），即神的界限，它了解 Jack 和节点式破坏行为后的混乱[1]。今天很少有知识分子把县级法院作为图书馆，但它确实存档和记录了一些行为和意志。在美国过去的零散记录中，通过保留土地来维持公民和社会的秩序。就像沙堡在海滩上标记了家庭的领地一样，城堡保障了土地所有权的持久性，也保障了所有者享受的权利以及进行的改造。他们种植芋头（如果只是普通的县法院文档中记载），这样的词语对人们第一手了解景观的内容是很关键的，那些建立空间秩序的词语反映出了空间秩序。

语言，特别是法律语言中，暗示了在整个不列颠群岛生活最艰难的地方是殖民地。“furrow”这个词展示了一些了解基本景观的关键性元素。

实际上，“land”常表示每一条被犁过的地（大约18英尺宽），位于被水沟切断的一大片湿地中。在远离农村的沼泽，“furrow”不再意味着向阳的排水沟（不像沟，如果人们不修护的话，更像是一条秘密通道的水渠或至少是被芦苇覆盖的地方）。除了猎人，阅读中涉及“grip”的意思已经过时了（至少在礼貌语言中），它源于古英语“grép”，有时被荷兰语“greppe”代替，发生了某种程度的改变（变

[1] Stilgoe, *Landscape and Images*, 47-63.

得更现代）[1]。1470年，一位作家在谈到“gryppe”或“gryppel”时说，它们的意思区别于“land”，也许是指在一块被淹没过的土地又被抬高了[2]。被淹没的土地似乎从1500年就消失了，“land”不仅是农民所指的干的土地，也包括湿润的土地。不像用铲子挖沟，水垄沟是犁出来的，在一侧或两侧增加一道土，形成一块土地：挖掘机可以抛土，可以在相邻的土地上耕种，但人力办不到。当耕种者调转方向，并在相邻土地上耕作时，水垄沟就出现了，这样的看法一直持续到1665年，调查者George Atwell认为水垄沟应该是被铁锹挖出来的[3]。在Galfridus和Atwell所处的时代，“landscape”作为开垦土地、耕种土地或开掘湿地（北海海岸一带特别不适宜耕作，以至于当地乡绅都不能将排水和景观方面的专家送到此处）的术语进入了英语中。在林肯郡（Lincolnshire），特别是该县有三分之一的地区，仍被当地人叫作“荷兰”。一些其他国家的语言也进入到当地的语言中，他们常常把土地描述为牧场。

19世纪的光色派画家Martin Johnson Heade和Fitz Hugh Lane把*New England salt marshes*视为珍宝 。据博物馆的参观者说，首次看到画作时博物馆的讲解员会努力为你解释沼泽星罗棋布的草堆顶部设置，这些设置的目的是保存脱离高涨潮水的干草（农民仍称盐草甸，而游客们认为那是水草）。在他们记忆中的某个地方，这种观点认为草地可能是潮湿的，但实际上是湿透了的。

英国的乡村景观，也许是新英格兰的景观，它们看似一成不变但总是在缓慢变化的。绘本针对的是非常年轻、具有蓬勃发展的深层价值观的人，这些人能理解和平富足（或至少满足所有的人）、秩序和美。在所有的城市公园中，树木修剪的高度被农民叫作林冠线，由饥饿的牛或马能够到的最远距离来决定，并在每棵树的树冠之上制定统一的开放空间。这些相关的价值观（包括视觉价值观）潜移默化地形成了一种核心的理解方式，这种理解从城市的一代人传递给下一代

[1] “Grip” still designates intestinal flu.

[2] Galfridus, *Promptorium parvulorum*, 213.

[3] Atwell, *Faithful Surveyor*, 91.

人：在春天，农民必须犁地，他们才可能会在秋天收获。在第一次世界大战中，Thomas Hardy 便在他的诗中表达了这样的看法，他在 *In Time of* “*The Breaking of Nations*” 一诗中写道：

a man harrowing clods

In a slow silent walk

With an old horse that stumbles and nods

Half asleep as they stalk

this will go onward the same

Though Dynasties pass。[1]

农民必须耕种，而田地仍然是田地。

景观不仅指城市景观。不管它们的属性是什么，城市是不能自给自足的。切断农村和城市的交通运输就会导致饥荒。现在出现了这样一个可怕的现象，孩子们习惯了电视上的暴力镜头，虽然很少直接接触到暴力。相反，他们在上学之前就学会了农场和农民等词汇。这些绘本建立了关于农村景观的核心理解，并确定了农场和农民是能养活所有人的。不管怎么定义，有充足的收获，并且一直保证有足够的食物是了解基础景观的动力。

[1] Hardy, “In Time of ‘The Breaking of Nations,’” in *Selected Poems*, 203.

这座建造于1764年的拱桥正威胁着水运的安全。为了抵御洪水和浮冰，桥身设计成拱形，但这样的设计使船员不能对桥面潜在的危机一目了然。

——John R. Stilgoe

Chapter 7

7 本源，在道路上寻找

刚会走路的孩子们学着认识桥，但是他们不需要蹒跚着过桥。大人们绘声绘色地讲三只比利羊过桥去寻找肥美牧草的童话故事，故事中桥下住着一只吃人的怪兽[1]。虽然学龄前儿童从幼教农场画册上看到的都是温柔的食草动物（包括比利羊）、宁静的牧场和广阔的草地，但仍然有很大一部分孩子在入学前就见过公羊互相牴角决斗的场景[2]，这使得许多孩子在靠近狭窄的木栈桥时会胆战心惊[3]。现实中或许并不存在怪兽，但在桥下未知的水里，任何事物都可能像怪兽一样潜伏着，随时准备袭击行人。它们将行人拖拽下水，在其溺水后将他们吃掉。人们建造桥的目的是为了方便人们穿越溪水河流，但是桥却不是绝对安全的。

独木桥对劫匪来说是不错的选择，拱起的桥面更加方便他们行凶。独行的路人或者傍晚匆匆回家的红头巾少女不能及时察觉潜伏在

[1] Collected in the early 1840s and translated into English about 1852, the Norwegian tale, now sanitized, is brutally violent: see Asbjørnsen and Moe, *Popular Tales*, 264-266.

[2] Since 1987 three kindergarten teachers have remarked on this.

[3] Watching little children approach wood footbridges in conservation areas proves instructive. Experiments involving lurking beneath such bridges and growling and hissing prove more so.

拱桥对面的歹徒。栏杆、扶手和桥下湍急的水流又使从桥的侧面逃脱成为不可能，行人只能选择直面敌人，与其搏斗或者掉头逃跑。如果两个劫匪潜伏在桥的两端，当受害者行至桥中时从两侧进行围堵，这座桥就变成了一处陷阱。

当然，人们可以选择从桥的两侧逃走，从桥上跳下，就像从桥上把东西扔下去一样，正如Bobbie Gentry在*Ode to Billie Joe*中唱到的[1]。生活中，桥总是值得人们反复审视，特别是当人们行至桥中、驻足停留，再观察四周的时候。

善于思考的行人会发现桥本身具有很强的控制性，它们的布局将交通引导至明确的交汇点。在实际的设计和施工中，桥常常限制了水上货运或者阻碍路上交通。桥墩使水流变得湍急进而增加了行船的风险，或者造成桥面高度不够使船只无法通过；吊桥在完全打开时可以方便行船，但却阻碍了桥面上行人和车辆的通行；作为几个世纪以来最行之有效的折中办法，拱桥允许小型船只从桥下穿行，大型重载货车从桥面上通过，因为越过高起的桥拱需要花费大量的动力。桶的把手无论是平放还是立在桶沿上，它的长度都是不变的。然而在选择通行路径时，绕过一条河通常并不可取，这比绕过一座山麻烦很多，但是行人和车马却不得不选择耗费力气越过架在河上的拱桥。今天，特别是在城市当中，驾驶员不会注意到拱桥代替了已经过时的可移动吊桥，虽然吊桥在年代久远的帆船航海时期至关重要。驾驶员轻踩一脚油门，车辆就可以翻越新建的拱桥，而桥身拱起的高度刚好允许观光船从桥下通过。但是这些新建的拱桥却给步行带来了些许障碍，因为人们需要多迈几步才能走到平地上，所以他们更愿意选择走尚未过时的可移动平桥，而非拱桥。对滨水（滨海、滨湖、滨江）城市来说，拱桥与城市设计中鼓励步行和骑行的意愿相背。拱桥始终保持着它固有的特点，便利与阻碍共存，只不过今天这些拱桥不再是架在水上，而更多出现在陆地上。虽然从平面上看，拱桥与平桥别无二致，但是它的垂直变化是不同的。

[1] Murtha, *Bobbie Gentry's "Ode to Billie Joe,"* xii-9.

桥兴盛于河口和港湾，但是作为海上航行的起点，这里的水深对航海船来说太浅。船只在河口附近抛锚或者停靠后转运货物，通常这些船将货物转给在内陆河道航行的趸船。转运过程成为陆地贸易的关键，这使商品得以在口岸和货船之间流通。起初河口两岸由穿梭在大小船只间的轮渡连接，但是随着船只数量的增加，轮渡显得笨重且成本高，最终被桥取代。而桥通常是由当地士绅或者各级政府出资和组织修建的。

伦敦这座城市因水而起，因桥而兴。自然的条状岭地汇聚到狭窄的一处，为来往于泰晤士河上需要随时停靠岸边和浅滩的货船提供了极佳的场所。第一座建在河口转运码头上的桥（很可能是一座浮桥，桥体的移动部分能够实现海船与河道船只的对接）是由罗马人建造的。作为陆地交通的核心，这座木桥在大约公元55年由罗马驻军负责把守[1]。军团撤离英国后，泰晤士河成为敌对的韦塞克斯王国（Wessex）和麦西亚王国（Mercia）之间的分界，但是大概因为缺乏维护，这座桥逐渐废弃，直到990年被另一座木桥代替。儿歌中的石拱桥建于1176年，于1209年完工；工程导致了皇室的财政赤字，于是国王不得不将桥上的建筑出租来收回成本，这些建筑后来被改造成200个房间和仓库（其中有些竟有7层楼那么高）。过度建造会使桥身荷载过重，限制桥的拱起度。桥上的建筑偶尔会发生倒塌的现象，正是这种现象启发了儿歌的创作[2]。后人惊叹于这座桥的塔形结构以及被钉满涂着黑漆的奸佞和罪犯头颅的门楼。1598年，德国律师Paul Hentzner游览了这座桥，在感叹桥上车水马龙、川流不息的繁华时也细数了这30个用来装饰的头颅[3]。在1666年，一场大火毁坏了桥身结构也削弱了桥拱的强度。伦敦市不得不启用另外一座结构不完整的石拱桥分散交通负荷，这座石拱桥一直勉强使用到1831年才被淘汰。1968年，某房地产开发商将受到火灾损毁的拱桥收购，并将它拆解，搬迁到亚

[1] Margary, *Roman Roads in Britain* makes clear the importance of imperial highways and garrisons.

[2] Pierce, *Old London Bridge* is a good introduction to the site and the inhabited bridge.

[3] Hentzner, *Journey into England*, 14.

利桑那州（Arizona）。结构不完整的石拱桥也在其淘汰后，由旁边加建的普通石桥（这座石桥至今仍然屹立在那里）代替。

桥深深吸引着年幼的孩子，他们在沙滩上挖出浅浅的沟渠和城堡周围的护城河，并用浮木在护城河上面搭建桥梁。只要稍微用心观察，就能发现每一个在沙滩上玩耍的孩子都会进行这样的尝试，创造属于他们的景观。

“bridge”这个词有非常深远和丰富的语源。作为从古英语词“brycg”演化而来的词语，它与古弗里西亚语中的“brigge”和中古荷兰语中的“brugghe”同义，也与从古至今流传于码头工人、水手、河口农商之中的古挪威词“bryggja”意义相同，表示船只停靠的码头，有时也指浮动的栈桥、临时的浮板或者舷梯。对于沿海居民来说，“bridge”首先是为了将船（甚至是一条小舟）的一端与海岸或者临时停靠点连接起来。这样，游客就可以从地面通过桥“bridge”上皮艇或者大船，农民则用“bridge”来转运粮食。在桥下，人们往往可以发现一条沟渠或是一大片挖掘坚硬河岸后形成的洼地，涨水时这里会被淹没，这个位置主要是用来协调配合各类大小型船只的货物装载和维修工作。水手和沿海居民至今仍把这样的洼地称为“dock”，这个词对于理解景观内涵非常关键。

《牛津英语词典》在解释“dock”这个词时直言不讳地指出其“来历不明”，而它为什么没有明确的起源仍然有待考证。“dock”在英语中是一个新词，到16世纪中期才出现在写作中，在这之前它在荷兰语中写作“docke”。1881年出版的*An Etymological Dictionary of the English Language*在1909年修订，作者Walter W. Skeat在其中指出“这个词的历史很模糊”。他提出“dock”可能与地方英语中的“doke”有关，指的是一片洼地或者是低凹地，并且与现代德语中表示凹陷的“deuk”相近。同时他坚持认为现代挪威语中表示凹陷的“dokk”，虽然是一个看似与英语中的“dock”完全不相关的词语，但是却是在约1550年时从荷兰传入的。像其他笃定的词典编纂者一样，Skeat对这个特定时期翻译字典所带来的问题作出了注解。Randle Cotgrave在1611年的*Dictionarie of the French and English Tongues*中则将这个新词解释为法语“haute”的同义词，不过这个法语词很早以前就已经被“forme”和更为现代的词“bassin”代替了。通过出现在各地港口的荷兰和英国水手的使用，这个词传播得很快，但是它起源于荷兰却能快速地融入英语语系让词典编纂者和景观爱好者感到困惑。

水手常常用“dock”指在水边给船提供临时停靠的高起的部分，但这其实是一种误用。在英国的法院体系中，“dock”指的是附件，即为被告辩护所提供的申诉材料。“wharf”指的才是与码头相连服务于船只的部分。

“wharf”从晚期古英语中的“hwearf”一词演变而来，与中古低地德语（1100～1500年间的低地德语）中的“warf”同义，指的是防波堤或水坝；而《牛津英语词典》中给出的另外一种解释是“预防洪灾的高地”。东弗里西亚语中与之相对的词是“warf”，现代荷兰语和德语中则为“werf”，指造船厂（船坞）。直到17世纪初，“wharf”才正式表示路堤或水坝，但在这之前的很长时间，它在英语中指一种永久的木结构或者石砌结构，供转运货物的船只靠岸时使用。“landing stage（栈桥码头）”表示的是一种非永久性、某种程度上非常脆弱的木质结构，它很容易被暴风雨摧毁，木匠们为了使其稳固所搭的脚手架从视觉上就能看出它的脆弱。水边的术语值得我们去挖掘本身的语意，当“wharf”被拼成“qwerf”时（至少在苏格兰和北英格兰地区采用这种拼法），它很可能与“key（钥匙）”“quay（码头）”和“hawe”相近。其中“hawe”最后出现在古英文中的意思是四周被围起来的场地，尤其指墓地；在苏格兰语和北英格兰语的影响下“heugh”演变成为“hoe（锄头）”，这是一个现在只出现在地名中的词汇，指地形上的转折点，最著名的用法可能是Plymouth Hoe（普利茅斯高地）。“pier”这个让语言学家感到疑惑的词，很少出现在12世纪的写作中，到14世纪末已经完全从书本上消失了，后来仅仅在17世纪流行过一段时间。“pier”指的是桥的支撑部分，包括拱桥和其他类型的桥；或者是一种结实的（常常是石材）凸起结构，保护船只免受风暴袭击或者帮助其装卸货物，有时两者兼有。16世纪中期它可能更多指“bulwarks（防波堤）”而不是“wharves（码头）”，因为“bulwarks”多出现于近岸水域。

尽管“hoe”在古挪威语中没有出现，但是Skeat却认为它起源于北欧，与“bole”和“work”同源，指一切由木头建成的东西，后来这种说法渐渐在英语、荷兰语和德语中流行起来。但是另一种合理的起源来自于中古高地德语（11～15世纪的德语），隐含在“throwing on the ground（掘地三尺）”这个说法中。16世纪中期的英语作家们便由此得知了该词的本义，尽管他们主要用它来表示开凿河渠或者修筑海防堤时开挖的土地。在英国，人们将一种小巧的、漂浮的、像竹筏一样架设在大坝、防波堤或者码头之上以方便舟船快速通过的发明称为“bridge”。当小船仅仅在距岸边几英尺外漂浮着的时候，将一块木板铺在坚硬干燥的地面和小船之间，桥便形成了；而大型的船只则需要将很多木板固定组装在一起形成步桥。这些结构需要专门的管理和维护。从16世纪中叶起，英国文学作品中就开始用“wharfingers”表示负责打理码头的管理员；而在法律中“wharfingers”是一种特殊的身份，用来指代水上构筑物的主人。

在海洋、河流和道路交汇的地方，那里的土地深刻阐释了景观的本质。桥梁通常有栏杆或护栏，但码头和栈桥没有。如今，不常去海边的家长们在上下船时拉紧眼看被船缘绊倒的孩子，才会发现码头和栈桥以外的悬崖峭壁。他们偶尔会抱怨码头和栈桥应该设有防止跌落的栏杆，但是码头毕竟不是桥，尽管它起到了连接土地和船舶的作用。码头实际上是一种特别的类型，作为海边一种永久性的构筑物，它能够保护海港，使其不受风吹浪击；如果码头上建了栏杆就会影响海产和其他货物的转运。海岸上的岩石和淤泥从海港凹陷处被疏浚出来，形成向外凸出的码头（更确切地说是堤坝），海湾此时已不再像环抱着的手臂，更像一根手指插入大海。这里的码头既不是完全的人工构筑物，也不是完全的自然景观，而是两者兼有。被铲平的岩石、泥土和贝类增加了“hithes”（同“hythe”，意为自然的停靠场所，即驳岸，源自古英语词“hyð”，未出现在其他德系语言中），这使得“shouts”（源自中古荷兰语“schûte”，意为平底船）上的船夫在伴随着呼喊行至桥头时，能够最有效和方便地停靠在自然形成的

“hithes”上。

在海洋、河流和道路交叉的地方，特别是在大小海湾的入海口，大量英文词语被使用，它们的起源和阶段性的词意与填平海洋或者沼泽泥滩从而获取土地这一行为紧密相连。在退潮或者洪水到来时，无论河流是否湍急，无论桥是新还是旧，这些词语的现代用法暗示在16世纪中期英语曾经有着丰富的语汇。

从入海口往内陆方向，沿海方言受到河流与道路的影响，有时候听起来更像是旅行者的交谈，而不是来源于农场，用来描述田园和庭院、牧场和耕地的家庭语言。“river”这个词本身与“riven”和“rivalry”有相同的词源，后面两个单词都有分隔（division）、分开（separation）以及跟浅滩、修桥费、居无定所的流浪汉，甚至怪兽有关的释义[1]。英语中有很多表示河流的词，其中包括“weir”（与“wreath”同源）和“riffle”，在雨水充足的美洲殖民地和西部地区出现的频率很高。不过相比之下，英语中能够表示道路的词要多得多，特别是一些古老的、看似符合常理的词，像“roadway”就是由“travail”和“travel”这两个更老的词糅合而成的（通常发生在诺曼征服之后）。

“path（路径）”几乎是自然产生的。在草地上停留的人们会在他们的帐篷和其他临时居所之间留下足迹。假设时间足够长，在人们反复地行走之后，被踩平的草地就形成了一条路径。“path”这个词在古英语中是“pæþ”，在古弗里西亚语中是“path”，指在偶然的情况下，人们多次行走后形成的一条步道（trace）；但这条步道并不是为了游玩而刻意创造的，它的边界往往是开放的，但是宽度却不够车辆通行。纯粹的“trace（步道）”如今已经很少见了，当然我们不会忘记著名的纳奇兹步道（Natchez Trace）遗迹，但是当孩子在薄薄的纸上描线时，“trace”这个词很明显地表示“描绘”而不是“步行”。但是这个源于诺曼法语“trace”的单词，最早指的是一条用来步行的道路

[1] Of course they connote much more beyond the scope of this book: see Bachelard, *L'eau et les rêves*.

（way），一条没有人走便会消失的道路。

“way”这个词更加古老，与梵文中的“vah”有一些关联，意思是行走或者搬运，但很可能与拉丁词“via”并无关联。比如“hay wain”中的“wain”，这个与“way”相近的词语也很古老，它的词源需要在古英语和古弗里西亚语中寻找。“wain”表示为了方便通行而进行升级的道路（即“track”，从“trace”衍生而来的新词），一般的升级方式是砍伐树木、清理树桩、填平泥洞，偶尔还会在两侧挖排水沟。“wain”主要是为了小型马车和货车通行，包括运送草料的车，被称为货车路（也叫马车路）；其他重型车辆对它来说太重了，通常会将路面压坏，特别在雨天时很容易陷入泥泞，需要大费周折地把车从泥潭中拉出来。圣经和教会语言在过去两千多年一直在塑造劳苦大众的形象，比如“all ye who travail and are heavy laden（所有颠沛流离、身负重担的人）”；普通法也是如此，特别是在当时复杂的道路通行权利背景下[1]。最晚从17世纪初开始，由于舰队在启动时需要很多船同时从不同的轨道上滑入水中，“way”的复数形式开始在沿海地区流行起来。道路，比如公路，有时可能被架起来，有时不会。通行车马的公路有的时候也能穿越河流。所以桥最先出现在公路上，其次是步行路，然后才是小径，即使是由平躺的树干形成的小桥。

“road”这个词从“ride”发展而来，古英语中的“rád”和弗里西亚语中的“reed”都是“ride”过去形式的变体。Walter Scott爵士在他创作于1805年的诗歌*Lay of the Last Minstrel*中不停地混用“road”和“raid”，导致后来人们发明了“raid”这个词，这是一个结合了古英语语源和苏格兰风土（Walter Scott出生于苏格兰，原文用“thin air”指代苏格兰风土）的词语。原本古英语中“rád”并不表示骑马，但是在演变过程中逐渐开始指代英国传统的骑士、警长和小型贵族这一阶级，因为他们与农民和徒步行走的百姓不同，常常是以马代步。当时拥有一匹驯马就相当于装备了一把利剑，这两者都是财富和

[1] Matthew 11:28. Contemporary biblical translation “modernizes” terminology and deprives young people of Sunday morning etymological stretching.

地位的象征，其主人要么是收取农民地租的庄园主，要么是出生高贵的公子。正如R. F. Delderfield在1967年的小说*A Horseman Riding By*中反复出现的场景，18世纪左右被戏称为乡绅（“squire”，这个词原来指的是骑士忠诚的扈从）的庄园主会定期骑着马巡视自己的领地。巡视过程中庄园主所骑行的路线，一段时间以后便成为贵族阶级专用的道路，这些道路至今在英国北雷丁区（North Riding）以及北方大道（Great North Road）沿途依然有迹可循。英国的民谣里充满了阶级色彩，特别是圣诞颂歌（*Christmas carols*）歌词中“God bless the master of this house wherever he may ride（上帝保佑房子的主人不论他去到哪里）”就有这种倾向。歌词里唱的虽然是房子这种财富象征物，但是美洲殖民地和美国居民对马也深深喜爱，而且一直延续到1910年左右（1910年之后美国汽车工业开始快速发展），之后便演变成了对车的喜欢。

政客们经常宣扬拥有房屋的所有权（也叫作住房权）充分体现了美国梦，但似乎拥有和驾驶一辆汽车也是梦想的一部分[1]。在美国的传奇故事中，所有的英雄人物都会开车，他们像贵族一样在城市道路和高速公路上驰骋。美国人在16岁时拿到驾照并且拥有一辆座驾便意味着跨入成年人的世界，其他驾驶员才会视其为平等的对象，行人也会开始对他们产生尊敬[2]。当然，在英国的阶级划分中拥有汽车也是个重要的指标，在Kenneth Grahame1908年的小说*The Wind in the Willows*中，不论鼠小姐Ratty多么喜欢在船上嬉耍，最终还是选择与拥有汽车的蟾蜍先生（Toad of Toad Hall）在一起。步行和骑马的人在路边深情地告别，这个场景折射出道路词语中所隐含的区别和定义上的困难。

“lane”表示断头路，即一条通往农田的道路，其往往是距离农场宅邸、农舍或者村庄最远的农田；在穿越树林时，这条路常常变成一条窄窄的小径（path）。古英语中的“lane”、北弗里西亚语中的

[1] Rae, *Road and the Car* introduces this issue in nuanced ways.
[2] Wynne, *Growing Up Suburban*, 134 – 169 and passim.

“lana”和“lona”（这两个单词相似，但发音和拼写有区别）以及16世纪荷兰语中的“laen”都是lane的词源，指的是一条狭窄的小路（即“byway”或“bye-way”），16世纪中期英国人把这种小路叫作“turnagaine”或者“turnagaine lane”，意思是走不出去的断头路。同时从16世纪开始，“lane”也可以表示冰原上的窄路，与水手们口中的“vein”很相近，就像“road”和“roadstead”一样，“road”指的是常规风向下的安全港口，而“roadstead”则表示不受任何风暴侵扰的绝对安全的港口。“lane”其实是受到海上航行规则的影响，在长期的航海过程中，船只选择各行其道，例如英吉利海峡的交通航道，这和现代公路的车道也被白色或黄色的实线和虚线隔开一样。

“bye-way（by-path、byepath、bye-lane）”最早指的是狭窄的小路，后来这个意思就不怎么用了，因为狭窄的路面会给驾驶马车的人带来不便，拉车的牲畜在狭窄的空间里没法掉头往回，所以这种小路显得非常笨拙。马车陷入泥沼只是小问题，真正头疼的是原本宽阔的道路被完全堵死或者只剩下可以步行的宽度。这时你会发现，身陷泥沼非常不幸，但是进退两难的境地更加糟糕，因为无论使用什么样的工具，斧头、铲子、撬棍等，抓狂的、疲惫不堪的赶路人除了弃车掉头之外毫无办法。“by the way”表示跑偏了的路线或者目的地，这样的差错有可能会破坏一次旅行或者搅乱一个计划。随着一种新的拼写方式逐渐成为主流，“by the way”逐渐被写成“byeway”（特别是作为形容词时），就像“goodbye”是缩写自“God be with you”一样，同样保留了不发音的元音字母e，这个字母通常暗示着单词本来潜在的意思。现代英语小说中有种默认的规律，当爱人离开本来规划好的大路沿着小径独自离去后，他往往无法活着回来。无论是否承认，迷信思想使当时许多人在送别离家冒险的爱人或者将要上战场的孩子时常常说“so long”或者“see ya”，而不是“goodbye”，这是希望所爱的人踏上的是一条能够平安回来的环路，而不是一条有去无回的死路。

这种告别方式是对深层文化问题的纪念，而这些文化问题常与景观融合在一起。生活在农村的美国人帮助风尘仆仆的旅客，为他们指引方向，让其顺利地徒步、驾车或者航行离开。爱尔兰名言“may the road rise to meet you（愿平坦的道路在你脚下铺开）”其实表达的是对低洼路段的担忧，即使是那些长期生活在泥沼的人也常常容易被其困住，寸步难行。

宽阔的车行道让骑手们能够并驾齐驱，稍宽一些的道路能够允许三匹马并排前行。但是在一些贫困地区，道路往往只能允许一匹马通过，偏僻的小镇被称为“one-horse town”的说法就是这么来的。车行道（roads）将庄园、村落、城镇以及新兴的城市联系在一起，使不同地点之间可以畅通无阻，不再需要绕行小路，除非暴风雨将树木吹倒拦住道路或者涨起的洪水让浅滩无法涉足。在进行短距离的通勤时车行道往往是最好的选择，这倒不是因为用时最少，而是因为最省力气和不易迷路，尤其对于不熟悉路线的人来说。当地人可能会走那些需要翻山越岭、穿林过险的小道，目的是为了抄近路；但是出远门的人，特别是自驾的人往往会选择走大路，尤其当他们面对的是一条5米多宽可以两车并行的豪华双车道时[1]。

在古代，长途跋涉的人很重视道路安全，官道在这方面是能够保证的，虽然偶尔也会有危险出现。“highway robbery”这个词指的就是在官道上遭遇抢劫，通过这个词可以了解城堡或者皇城是如何与其周边发生联系的。城堡或者皇城周边地区由当地统领庄园的贵族们管辖，他们通常自行处理轻微的违法行为，但如果发生了情节恶劣的犯罪事件，他们会联合治安大队对罪犯进行制裁。几个世纪以来，采用比普通公路更高一些的建设标准是皇权在道路交通上的体现，这些道路排水顺畅不易淤积，下雨天也可以正常通行。高速公路的路基也确实比较高，并由碎石铺成，碎石的加工是靠征调刑期内的犯人来完成。但是官道上的规则远远不只这些。早期的传令官和信使通过御道传达国王的命令，后来命令以信件的方式由专人驾驶马车传递到各地，路途遥远的信件会分阶段地在途中的驿站停留，信使需要频繁地换马。虽然信使一路都有骑士的保护，但是在漫长的送信路上也难以

[1] On land measurement and surveying see Richeson, *English Land Measuring*.

保证马车的绝对安全，因此必须要修建宽阔平整的御道来防范土匪。在远离城堡、村落、庄园的偏远地区，手持弓弩、骑马挎枪的土匪常常埋伏于丛林深处，在夜幕降临后，皇家信使、商团或者是后来的送信邮车都是他们最常袭击的目标。

在追捕这些逃犯时，普通法要求除了骑士和警长外，还需要当地民兵的参与，因为这些人对附近的丛林很熟悉，他们整天在农场、村舍和旅馆里打探消息，常能在人迹罕至的地方找到藏匿的罪犯。除了在民谣歌曲中，这些场景很少发生在当代生活里，只有在夜幕降临的丛林中，错过赶路时间的人害怕遭遇到古代那样的半路抢劫。现实中更多发生的是在洲际高速公路上的驾驶员突然发现与路肩齐平的是宽阔的草坪，而非遮挡视线的树冠，人们可以安全地走在人行道以外的地方。草坪沿着公路延伸向远方，规避了强盗从隐蔽的树后突然跳出来的危险，因此道路工程师把路侧的种植带也当作车行道（carriage way）的一部分。由所有纳税人出资建设的洲际高速公路只对汽车开放，跟许多只允许车辆通过的大桥一样，这说明了今天的道路比中世纪时的限制条件更多。

1400年的时候，任何行人都可以行走在飞驰的骑手旁边，但是今天行人和骑车的人完全不可以上高速公路，大家貌似也接受了高速公路是有限制的规定。在高速路上的商业服务点，司机停下来加油或者吃饭时能遇到很多想要搭便车的徒步旅行者，这些人常常怀念可以与马车并排行走不受限制的时代。在火车发明之前，马车是进行远距离交通的重要工具。道路、公路，其中包括最重要的高速公路，这些对于理解景观非常重要；道路，这个曾经在16世纪快速变化的概念如今依然在路边的餐馆、饭店或者咖啡厅等待善于思考的游客，它值得被写成一本书，而它的作者很可能是一个经验丰富的徒步爱好者（比如作者本人）。

这里所提到的“ways”和其他概念只能给人提供一个关于景观的大致轮廓，在本来连接聚落和村庄的道路上，乡村和城市景观就像大宝石，等待我们去探寻。

现代速度的提高改变了人们对高速公路的认识。就像Mary Chapin

Carpenter在歌曲*I Am a Town*中所唱的一样，对于长期行驶在远程洲际公路上的驾驶员来说，沿途的村庄和城镇就像“a blur from the driver's side（车窗上一个模糊的影子）”，还来不及欣赏就从后视镜中消失了。城市中的有车一族在计划跨国境的自驾游时，根本不会思考洲际公路上立交桥（cloverleafs）的设计，更不会专门去研究它们。自从引入匝道以后，高速公路的限速就一直没有下降过，这些辅道像绳子一样编织在主干道上，使得车辆可以自由地驶入和驶出而不影响交通流速。但是“cloverleafs”这个词给非专业的词典编写者带来了困扰，因为它不止一个意思，也可以指商业服务点。高速公路上的商业服务点可以在远离村庄和聚落的地方给远行的旅客提供食宿服务和燃油补给，给住在附近的人们提供工作的机会，也给一些服务地方的产业提供了场所。如二战结束后所预想的那样，艾森豪威尔洲际高速公路系统的商业服务点已经发展到了16000个，其中设置有64000个新兴的商业门店，甚至有一些服务点的经营使周边村镇原有的商业门店倒闭。不管“cloverleaf”这个词指的是商业服务点还是有其他含义，它代表了一种建立在政策和道路系统之上的地产开发模式，特别是在农村和欠发达地区。在那些能够让习惯了城市生活的旅客心生恐惧的荒无人烟的地方，每一个服务点都像充满了英伦民间风情的小旅馆。

旅馆使有钱的旅客能够在享受一顿热腾腾的晚餐后，舒服地在房间里睡个觉，这在几千年的西方历史中是一件非常重要的事。旅馆给当地人提供了聚在一起闲聊的场所，特别是周末晚上，如果幸运你还会在一家偏远的只有几间客房的小旅馆遇到一个留宿旅店的异乡人，他会谈及崇山峻岭外的地方。酒店需要靠客源维持，包括本地和外地旅客，本地旅客的接待量一年到头都很稳定，但是外地旅客数量却是根据季节变化的。当然，旅店生意兴隆与否主要看它的位置。位于两个城市中间位置的旅店生意可能会比较好，虽然没有什么本地客源，但是奔波了一天的旅客急切地需要一个落脚点，只要给他们提供热腾腾的饭菜、舒适的床铺即可，同时他们的马也需要休息。Robert Louis Stevenson在1883年的英语小说*Treasure Island*开篇中提到的Admiral Benbow酒店就符合这个特点，文中Blind Pew的故事提到人们最怕的就是走在一条人迹罕至、从头到尾都没有一家旅店可以落脚的野路。在Benbow酒店里，当地乡绅和医师会不定时地组织会面，听取社会底层人民（多数是仆人和农场工人，这些人的说话方式与知识分子，特别是城市白领不同）的心声，关注在家中卧床不起但可以远眺大海的残疾水手。书中偏僻的小旅馆符合历史小说的特征，但却在后来或多或少对奇幻小说产生了一些影响。很多作品效仿Tolkien的《指环王》（*The Lord of the Rings*），里面充满了危险的小路以及暗藏危机的旅馆[1]。

Tolkien这个语言学家喜欢探索无人涉足的小路，并且善于用方言与当地人们交流。也许他曾经读过John Ray 1674年的作品*Collection of English Words Not Generally Used*，这是在英格兰出版的第一部方言字典。作为一位博学的植物学家和皇家学会会员，Ray始终不忘自己的卑微出生。他在工作过程中细心聆听当地人如何用自己的语言表述，并且长期进行收集植物样本和语言素材的工作。Ray在书中告诉读者，知识分子阶层一般都使用标准语言，很少使用方言。比如威尔士语中的“bree”指小山丘，但在伦敦北郊的农村，他了解到这个词有吓唬别人之意[2]。

《指环王》中的跃马客栈（Prancing Pony）在Bree镇上，这个失去往日繁荣的小镇坐落在两条几乎废弃的公路的交会处。远方的动乱和潜在的危机中断了它们之间的贸易往来，公路上长满了杂草，旅店老板将之称为“绿道”。Tolkien善于将英国民间传说和中世纪历史故事结合到自己的小说中，表现了自己对北欧文学、古代传说（未被记录在书本中的）和不同写作风格的喜爱。Bree镇上的霍比特人和矮人们不知不觉陷入了一场英国民间传说中常常出现的场景：整个城市在暴发瘟疫和骚乱之后被遗弃。此时高速公路变得不再安全，黑骑士们任意地漫游在盗贼和流浪的穷人中间。旅客们请游侠作为向导带自己迅速离开旅馆，他们放弃高速公路，沿着路况不明的小路到达草木茂

[1] Rothfuss, *Name of the Wind* offers an excellent illustration: see esp. 1 – 53.
[2] Ray, *Collection*, under “bree”: iv – vi. See also Gladstone, “‘New World of English Words.’”

盛的沼泽地，在这一路上他们并没有看到现成的道路。Tolkien的英国民俗知识目前还在以奇幻、科幻和灾难为主体的小说和电影中大量出现。1977年的*Star Wars*系列电影中Luke在旅馆中遇见非寻常物种的桥段就是借鉴了Tolkien有关道路和旅馆的理解，这被后来德国学者称为“沿途的浪漫（德语strassenromantik）”[1]。

在《指环王》第一部最后的五章中，读者不仅发现地名和已经不再使用的景观术语的深刻重要性，而且发现荒野（wilderness）具有极其强大的力量[2]。在长满杂草的路口，大雾迷惑了穿越墓地的霍比特人，Bree镇已经在劫难逃。身处危险的徒步者和骑士在旅馆集合，对他们来说逃跑意味着离开长满杂草的大路，开辟更难走的小径，这需要花费两天才能穿越危险的沼泽，然后冲上山顶俯瞰这片废弃蔓延的景观。这一趟旅程需要踏上一条精心规划的路径，这条路“不仅在山顶，而且在西部平原上，并且尽量隐藏不被敌人发现”。这队人马（包括善于找路的小马Pack Pony）从高处逃向南方，到达灰泛河（Greyflood）上一座叫Last Bridge的桥。河道从桥的地方开始变宽，河面上没有摆渡船，到达对岸的唯一途径是过桥，因此通往桥的狭窄通道似乎是一个绝佳的伏击地点。“他们面前的土地向南方倾斜，但那里却是一片无法涉足的荒野，灌木和矮树生长成茂密的斑块，斑块之间裸露着大片贫瘠的土地。”这是Tolkien笔下所描绘的一整片完全荒废、满目疮痍的地块，这里甚至连鸟类都不见踪影，只能从几条几乎无法识别的小路穿越，通往临近的精灵领地（Lands of the Fair Folk）。Tolkien是一个献身于文学的学者，他像Halliwell一样身体力行地探索几近被人遗忘的窄路和荒野，研究沿途的各类遗迹，他的经历与自己笔下的霍比特人非常相似。Tolkien创造了一场伟大的冒险，他的作品也是以废弃地、小径、道路、村庄以及荒野之间相互碰撞为题材的文学作品的伟大开篇。在霍比特人到达精灵领地后，骑着白马的精灵首领冲他们喊道“Ai na vedui Dúnadan！ Mae govannen！”这喊声表示他们承

[1] Stilgoe, *Common Landscape*, 21, 53.
[2] Abandoned landscape figures in glamour and other types of power: see Stilgoe, *Old Fields*.

诺会一帮到底，该场景让知识分子，甚至是年轻人认识了白马是一个在讲述困惑、危险和荒野的英国神话中必不可少的意象[1]。

Tolkien成功开创了后来的奇幻小说，包括那些以聪慧的孩子为受众读者的作品，这些孩子具有早慧的阅读能力[2]。他还创造了反乌托邦题材的小说，直面气候变化与核灾难。他在*The Lord of the Rings*中大篇幅地描写被邪恶的工业化进程侵染的场景，大量描写了不正常的天气、光线和色彩[3]。他长期在大型文化著作中对景观和自然进行有参考价值的描述，特别是针对在英国和美国民间传说中那些危险的、本质上已经荒废的道路。这些描述给很多电影、电视节目和电脑游戏里基本环境设定提供了具体的要求。Alan Lee在电影版的《霍比特人与指环王》（*The Hobbit and The Lord of the Rings*）中突出了Tolkien刻画这些场景所体现的力量感。他在一篇关于《指环王》（*The Lord of the Rings*）电影布景的专著中写道："我喜欢有关原始丛林的故事，我们对此的阅读方式和我们自身在森林中的经历相互作用，会产生奇妙的感受。其中，童年时期的体验尤为重要，因为对孩子们来说小时候所见的树都是很巨大的。"他还写道："在英国，古老的丛林只在边缘的地方存在，因为这些土地过于坚硬或者容易积涝而不适宜耕作。"《指环王随笔集》（*The Lord of the Rings Sketchbook*）强调情感和视觉边缘性："在参差不齐的地面上，树木的根部暴露在凹凸不平的泥洞和石台上，倒下的树木发出新枝。这些元素叠加在一起，产生了一种在自然迷宫中漫游的错觉。"[4]其他的奇幻小说作家们也赞同这一观点，John Howe在*Fantasy Art Workshop*中着重强调了后Tolkien时代的奇幻风景插画中岩石所起到的骨架作用，插画中的树是从覆盖着苔藓的石头缝里钻出来，这使得场景充满了表现力[5]。Tolkien的书像反映

[1] Tolkien, *Lord of the Rings*, 1:187 – 286, esp. 206 – 208, 253, 270 – 273: for the quotation, see 280.

[2] See, for example, Cooper, *Dark Is Rising*. The role of quality fantasy fiction in shaping landscape concepts among bright young readers rewards any amount of attention.

[3] See, for example, Farren, *Texts of Festival*, which emphasizes the great swamps that reappeared around London.

[4] Lee, *Lord of the Rings Sketchbook*, 24; see also 33.

[5] Howe, *Fantasy Art Workshop*, 80.

本能、视觉和语言的一面棱镜，透过优秀的年轻读者反映出小说中的风景；而通过这本小说，后来的作者们才意识到景观设置的重要性[1]。

在这个新生的航空时代，Tolkien深刻明白鸟瞰视角的重要性[2]。小说中的食腐鸟和其他邪恶的物种在天上监视霍比特人，霍比特人偶尔会骑乘巨鹰夺回制空权，这让读者从空中的视角对景观产生了新的理解。在Ursula K. Le Guin1968年的作品*A Wizard of Earthsea*中，龙也扮演着相同的角色。Tolkien、Le Guin以及其他一流的奇幻类作家则将现在的年轻读者（包括老读者）称为除了飞机之外对人类的飞行史一无所知的人。他们不知道飞在天上时有怎样的视野，也从未坐过热气球；他们没有目睹过1900年飞过中学上空的脚踏驱动飞行物，也不了解20世纪50年代青年们立志从社区头顶划过的誓言；他们从未进行过跨越大洲的旅行，从来没有经历过汽车没油、迷路、弄错方向、饥饿、抛锚、绕路或是筋疲力尽地寻找旅馆的艰难。他们只知道乘坐飞机，在飞行时观看电影，从而忽略了远远的大地上逐渐褪去的颜色。

除此之外，他们认为预防危险物品和规避灾难的机场安检就像一场有组织的混乱。对许多年轻人来说，机场是关键的节点，也几乎是作为游客的他们所了解的唯一节点。

想探寻景观本质的人一定对节点很有兴趣。偏远的酒店代替了原先的修道院，后者在过去的千百年间为旅客们提供夜晚的住宿休息之地，它们免费接待穷人。但是我们很难去追溯英国人口中的小旅馆（public house）是如何从最初可能只售卖蜂蜜汁或酒水（包括后来传入不列颠群岛的麦芽酒）的小酒馆，演变成由木板隔出住宿房间的旅馆的。它们在门上悬挂招牌出售酒水的酒吧，再后来发展成提供专门的休息客房而不是睡在酒馆地板上的旅店。想要分辨早期的酒馆和现在的旅店在聚落、村庄和村镇形成中各自的作用并不容易，无论是以

[1] When offered the opportunity, undergraduates write superbly about the significance of Tolkien's books, often emphasizing how landscape endures in their understanding of his books and in the world around them.

[2] On the paradigm shift, see Raisz, *Atlas of Global Geography*.

居民的思维方式，还是以游客的视角来分析这个问题，都存在一些难解之处。

村庄通常会有教堂建筑和院落，尽管可能面积很小；而城镇一般都会设立教堂以及由地方政府授权（往往是由权力高于当地庄园主的部门授权）的定期市场[1]。村庄和城镇需要专业的工匠，尤其是给当地人和游客的马加装铁蹄的铁匠。“hamlet”这个词相对复杂一些，高学历的人会立马联想到莎士比亚笔下的那个丹麦王子。但其实这个词具有跟“home”一样的词源，包含了“hamel”这个小众的词。“hamel”这个词很容易被误解并且难以定义，并且很少被城市居民使用，除非需要表达贬低和轻蔑的语义。它的词源是古法语词“hamelette”，在诺曼征服时期传入，用来表示需要长途跋涉到达教堂进行礼拜活动的居民所居住的房子。“village”这个词也是在诺曼征服时期传入的，它的词源来自拉丁语“villa”，表示与农舍相邻的乡间住宅。之后很快，它就在法国法律中出现，用来表示比城镇小一些的聚落。这个词一直以来与法语词“ville（城镇或城市）”和“villain”冲突，“villain”也是一个诺曼法语词，表示来自农村、质朴、粗鲁、出生卑微的人，这些人性格中隐藏着犯罪的可能。1815年之后，“villain”被翻译成“serf”（来自古英语词“serf”，起源于拉丁语“servus”。表示奴隶，即“slave”的意思），这个词在诺曼征服之前和之后都很少在英国使用了[2]。但是“villain”却是一个高频词，它经常被用到的原因可能是因为征服者看到英国国民坚持使用1066年之前他们所讲的英语，从而将这种永不屈服的习性误解成为一种粗鲁和野蛮。“villages”表示遥远的、思想落后的地方。英语中也不乏有很多粗俗的用法和表达，例如城市居民常在非正式的口语中用“village”表示近亲结婚后所生的傻子。“villages”在词意上表示思维守旧的（close-minded）、近在身边的（close），同时也是封闭的（closed）。

城镇对陌生的游客来说是开放的，而海港城镇可能会更加开放

[1] Platt, *English Medieval Town* offers an excellent introduction.
[2] It is not in Johnson's *Dictionary*, for example.

些，特别是临海的一侧，因为每个城镇都清楚游客的重要性并且欢迎他们的到来；然而聚落和村庄却并不太接纳游客，并且常常害怕他们。对待游客态度存在差别的原因是商业贸易。定期市场，包括季市、月市或者周市需要当地人口（特别是农民、纺织工人和其他工匠）和流动商贩的交流。市场往往位于城镇中心的开放区域，挤满了各种临时货摊和被永久商铺围住的解开了牲口的货车。市场本身也需要有效的秩序，庞大的十字架或者其他象征性的标志物意味着市场的安定。违反市场秩序的行为会受到严厉的惩罚，当地贵族十分重视维护市场秩序以杜绝骚乱，这些贵族主要包括该城镇当地的农场主（也就是农民向其交租的地主）、当地参议员和其他官员，以及服务地方百姓的常任或者临时检察官。

在内战和外来入侵战争结束以后，出于军事目的进行筑墙的市镇还保留着围墙和城门，并且一直派人把守。守卫森严的关口在夜晚封锁了城镇（也使任何可疑的嫌犯不能自由出入），并且全天候地控制从城外进入城内的通道。罪犯可能会冒充老实的农民和游客进入城市，但是在城市中他们会畏首畏尾，因为一旦犯罪，城中严密的治安体系将使其根本无法逃出四周的高墙和城门。例如发生抢劫行为时受害人首先会高声呼救，提高嗓门哭喊“站住，抓小偷啊！”，周围的市民便会立即闻讯赶来，参与追捕罪犯的行动，最后由警务人员动用武力将其制服，制止这样的犯罪行为。

另外，村庄或者城镇中设有教堂，一个被罗马尼亚哲学家Mircea Eliade在他的著作*The Sacred and the Profane*中称为“hierophany”的地方，意为世俗世界和天堂的交界点，史前的洞穴岩壁画家对此有很深刻的理解[1]。教堂及其院落的空间同时存在于世俗和信仰两个维度之中，做礼拜时，这两个维度是相互融合的，包括时间和认识上的转变。例如教徒们会使用教会纪年法代替普通纪年法，因此礼拜日对他们来说是神圣的时刻，而不再是平常普通的日子。做礼拜时，牧师用圣水给孩子施受洗礼，但在平日，农民用一捧河水就完成了初生小牛

[1] Eliade, *Sacred and the Profane*, 46 - 67.

椟的受洗，嘴里还会念叨一些他们相信能够带来健康平安的古话。宗教改革之前，教会一起修建修道院和各种大大小小的教堂（许多通常朝向日出的方向），每当有游客在灾难中幸存下来，他们就会在原地竖起十字架，贸易市场便是在象征和平的十字架下平稳地运行的。宗教改革后，新教破坏了大部分修道院，也改变了整个宗教体系的构架。由政府下令创建的国立教会，主要是英国圣公会及其审定的英文版《圣经》和《国教祈祷书》（*Book of Common Prayer*）重构了英国的国家语言体系，其中包括很多景观概念和术语[1]。在塑造景观时，宗教的价值很容易被忽视，就像人们常常低估在各自远行的道路上所经受历练的价值。英国圣公会在创造英美普通法系中的作用就被严重地忽视了[2]。农村教会在日常生活中的意义很容易遭到误解或故意贬低，但是当农村陷入瘟疫或饥荒时，人们就会想起宗教慈善和宗教干预对穷人们行为的有效引导，才会想起原来有那么多条路可以从农舍通向教堂。教堂的钟声总会在婚礼或者葬礼的尾声响起，因此常常不被人察觉。撒旦（圣经中用"The Prince of the Powers of the Air"指代撒旦，表示与上帝的力量相对的邪恶、黑暗之源）因为害怕这样的钟声，所以选择避让，让新婚的夫妇能够顺利地开启下一段旅程。教堂的钟声为新人欢庆，也为逝者哀鸣，或者仅仅只是记录下了流逝的时光，这些钟声在空气中传播着安宁和平静，庇护着村庄、城镇、偏远的农田，以及每一寸可以听见它声音的土地[3]。对于许多探究景观的人，他们经常见到教堂，但是却很容易将教堂的钟声视为噪声，不懂得从钟楼或钟塔激荡出来的声音中感知有关当地景观的微妙之处，即使有时这些钟声只是为了报时。

教堂的建筑、院落和墓地将世俗社会、寻常景观与宗教信仰联系在一起。这些神圣的建筑和空间跟码头一样，处于两个维度之间，在今天让那些没有宗教信仰的人参与到推动语言学发展中，特别是辞书

[1] See Daniel, *Bible in English*, and Cummings, *Book of Common Prayer*, for an introduction. Both the Bible and the *Book of Common Prayer* shaped Shakespeare.

[2] Hannan, *Inventing Freedom* provides a thought-provoking introduction to the connections.

[3] Biedermann, *Dictionary of Symbolism*, 35 - 40; see also Lancre, *Tableau*.

编纂的发展。神圣(holy)与恐怖(sacred)是不同的,没有人会说“恐怖的圣经”或者“神圣的墓地”。即使是最热忱的新时代的专家也无法否认,有关宗教、仙法和巫术的边缘性研究很可能会领先于人们对外太空的探索,也许就在不久的将来。

旧时的宗教遗存同样容易被错误地判断,特别是那些融入新教之后进一步发展起来的,比如英国圣公会将原先的祈祷日合法化,这一举措影响了划定林业园艺和农业用地边界的政策。这让我想起桥与河的关系。古代智慧认为河是有灵性的,流动的河水会带走灵魂故而禁止往河里排尿。直到今天仍然有些人不愿在多云天气时出现在桥上,因为在古代如果河里没有影子(当太阳被云层遮住后)意味着桥上的人会失去了灵魂。此外,婴儿在三个月之前都严禁搭乘轮船或者过桥,因为他们过于幼小的灵魂还不能够抵抗水流的力量。同时还有把结痂丢进河里,疥疮就能不治而愈的说法。Jenny Greenteeth(英国民间传说中的河妖)是个非常邪恶的女巫,她会在路人靠近河边时将他们拽下水去。如果主动将一些祭品投入河中,河妖便会暂时得到满足,人们可以以此来换取片刻的安宁。虽然知识分子并不相信这一套东西,但是民俗、迷信还是值得人们细细琢磨,不过想要通过英语途径去深入地了解仍然有难度。因为有关西欧、大不列颠群岛和冰岛地区的研究基本被记录在英语以外的其他语言中。但是通过条理严密地梳理后我们还是可以发现一些可怕的事实。在基督教创立之前,筑桥的皇族和贵族将河畔的百姓当作血祭的牺牲品,他们的尸体偶尔被埋葬在河岸的桥墩下面。这个习俗一直保留到18世纪,只不过用来血祭的人换成了重刑犯,他们被绞死在工程的施工现场而不是古代的公共广场。帝国大厦第一堆用来浇筑地基的砂浆里就拌入了公鸡的血,这样做也是沿袭这种古老的习俗。

古老的民间传说和当代的奇幻、科幻、灾难类小说都着重描写了迷失的岔口和坑坑洼洼的小路,这些隐藏在森林深处误导着行人的方向,或者一些老路通向废墟,甚至通往像Bree小镇一样已经荒废瓦解的城市。在如今这个GPS和手机成为主流的年代,迷路同样很让人不安。它会让居住在晚上灯火通明的城市中心的人们更加手足无措,他们不喜欢有雾的天气，甚至在天色变化时多愁善感。在天黑时或者在手机无法接收信号的暴风雪中人们很可能迷路，这是一件非常棘手的事情。常迷路的人在读到Rolt笔下描写安全、漆黑的小巷子的回忆时会觉得发人深省，甚至有些沉重。汽车的前灯可以照亮深夜中的道路，但是在阴云密布、不见月光的晚上，依然是一片漆黑。像行走在古代的道路上一样，驾驶员在伸手不见五指的环境中，会在发光的仪表盘后的驾驶座上使自己的身体向前倾斜，并谨慎地瞪大眼睛目视前方。

那么，在如此漆黑的道路上，我们所说的荒野到底是什么？是照亮坑洼开裂的路面的破旧车灯，还是锈迹斑斑、千疮百孔的黄色菱形路标？是树枝被风扯动后凌乱散落在地面的树叶，还是寒冷的雨滴变成冰晶和雪后消失的手机信号？这些都放在一起就是我们所要了解的荒野了吗？不，当然不是。凭借随身携带的精确地图，仪表盘上闪着的切换四驱功能的按钮，备用油箱中满满的汽油，打包放在后备厢里的食物、水和睡袋，以及一壶温热的黑咖啡，生活在现在的人们可以毫无顾虑地继续上路。如果抛开黑暗、风雨、破损的道路和偶尔等在路边拦车的行人，就谈不上是真正的荒野，甚至可以确定这不是荒野。

荒野？在今天，到底什么才是真正的荒野？

让我们模仿新英格兰地区人们的口音，拖长发音说：没错！荒野，它是非同寻常的。

真正的荒野是紧随汽车报警灯亮起后所发生的。

车辆抛锚后，在蓄电池满电，并且关闭收音机和其他电子设备的情况下，前后车灯只能再维持大约三十分钟。一位哈佛毕业生说道，当时是凌晨2:30，她正在回家的路上，开车穿越纽约北部。四周一片漆黑、风雨大作，被风吹倒的树枝铺满了泥泞的路面，突然警报灯亮了起来，这表明她进入了荒野。很久以前的一场演讲中的内容突然间变成了现实，在一段没有信号的路上，一辆精致的汽车突然遭遇了电路系统瘫痪，之后慢慢地滑行直至停了下来。

在驾驶员这一侧的车门上，本来另作他用的储物盒里装满了零食、手套和纸巾。在1920年之前这里是用来放枪的，像枪套一样把枪保险地收纳起来。荒野可以带来很多，可能是一瞬间有关枪支管制条例的激烈思考，在突如其来的想要持枪防身的迫切欲望产生之前迎来的片刻冷静。荒野中，零食、手套和纸巾显然比一把手枪更重要。

荒野可能出没在任何地方，如果算上潜伏和隐形的状态，那它简直是无处不在，尤其是在道路上。灯火通明的大堂、熊熊燃烧的炉火、热气腾腾的食物和干净整洁的床铺，这些场景包含在我们当代人对于汽车旅馆的理解中，仿佛远方的万家灯火。但是，我们要做的是跳出汽车，关闭手机，在夜晚和暴风雨中体验自然景观的感受。

这种感受在孤立无援时来得最快，就在你犹豫是该抛弃损坏的汽车沿着小路逃离，还是继续坐着任由风雨越来越冷、等待来往的路人或者任何从路边黑暗的森林中走出的人施以援手的时候。

荒野从四面涌向道路，然后顺着道路蔓延。预先储备几分关于景观的理解才能在荒野悄无声息靠近时很好地应对，特别是当一个人行走或者行驶在路上。即使在城市，当高大的建筑燃烧坍塌，知道如何徒步逃离而不用依靠汽车是非常实用的技能。尝试着回想一下我们每天是如何步行回家，如何穿过洲际高速公路的天桥，如何在黑暗的街道上沿着路灯漫步，这些生活中的行走总有一天会派上用场。

有时桥梁因故障无法通行，有时汽车旅馆和加油站会在夜间闭门歇业，有时村庄在灾难后成为一片废墟，有时一辆锈迹斑斑的皮卡车突然坏在半途，堵住了狭窄泥泞的道路。谁能保证这些不会随时发生呢？

与灌木丛紧挨的是新翻耕的土地，这两者之间的关系就像沙滩和海洋一样。海水似乎时刻准备冲上内陆，而田野中杂草和其他野生植物则时刻准备着将耕地与荒地之间的界线变模糊。

Chapter 8

景观，包罗万象

一个彰显人类成就的古老名词，“field”这个词在今天有两种意思，分别表示建成的开放区域和战区（theater）。这里的“theater”指的并不是剧场，而是军事家眼中的作战区域。根据Skeat所著*Etymological Dictionary*一书中的解释，“field”来自古英语、古弗里西亚语和古斯堪的纳维亚语中的“feld”以及后来荷兰语中的“veld”，是指“一块开放的土地空间（an open space of land）”。上述词源可追溯到古日耳曼语中“felþuz”这个词，表示土地或者土壤，就像“feld”其实跟古英语中的“folde”有某种关联一样。所有的直系词根起先都流传于某一地，大约在今天的德国西部地区，随后向西衍生出中古荷兰语“velt”和后来的荷兰语“veld”，同时向北衍生出丹麦语“felt”和瑞典语“fält”。它还包含一个更深远的梵文词根“pṛthivī（土壤）”，这个词根在今天的芬兰词“pelto”和俄语词“pole”中依然很明显。但是这个梵文词根在奥得河（Oder）、易北河（Elbe）和莱茵河（Rhine）沿岸的低洼地区很难还原了。

“field”一种早期的语意表示与林地相对的开敞土地（open land），不过该表述在16世纪末已经被弃用了，因此这种用法只能在17世纪末的诗歌中见到。另外一个语意是指农村地区，这种用法后来也很少使用了，仅出现在 Shakespeare 的作品 *A Midsummer Night's Dream*《仲夏夜之梦》中，"in the town and the field you doe me much mischief（在都市和农村，你都让我受尽折磨）"。[1]不过相关的语意却在狩猎行为中形成："field" 指狩猎场。现在短语 "field sports" 中的 "field" 就表示这个意思，此短语本身是指户外活动，而不是在公园（如棒球）或体育场（如橄榄球和足球）中进行的体育比赛。另外，专家们还经常会用到另一种强烈的语意，它出现在煤矿（coal field）、油田（oil field）和金矿（gold field）等跟军事行动有关的词组中。

"field" 用于战争的历史很久远，大约出现在1300年的写作中，本意是指战场，甚至名利的角斗场。经过演变后，它形成了另一个同样重要的词意：一次军事行动所波及的全部范围。战场上的军队调度取决于动机、时机和瞬息万变的局势，跟在堡垒、要塞以及现代军事基地里封闭的练兵场上操练完全不同。19世纪末，当浪漫主义改革者创造了现代橄榄球，这个在道德评价上等同于战争的运动开始进入固定的球场，这一改变是受棒球运动的影响。从那以后，现代体育开始避免场地中出现不平整的地形（例如棒球场上的投手丘），以此来强调竞赛环境的公平。于是，足球、橄榄球与高尔夫球之间的差别越来越大，因为后者需要起伏的地形、沙坑凹地和其他地面障碍。所以高尔夫球不再被称为场地运动。

词根的基本含义常常最经得起推敲："field" 表示需要定期耕作的庄稼地，比如 hayfield（草田）、cornfield（玉米田）和 wheatfield（小麦田）。它们需要施肥、补肥，有时在秋收后需要去除杂草或者进行间歇性放牧。传统上，包括现在也是，农民常常使用栅栏、围墙和树篱将土地圈起来，主要是为了将牲畜拦在外面，这个围合的空间恰恰构成了概念的核心。无论过去还是现在，新翻耕的土地通常是肥沃的，田垄和梯田总能引起景观爱好者的关注，但是一片被篱笆圈起的田地却能让人很自然地联想起老照片上满地金黄的丰收场景。

从1340年开始，"field" 也被理解为领域，表示主动研究过程中

[1] Shakespeare, *Midsummer Night's Dream*, II.i.

操作和观察的范围，这个意义可能来源于军事活动。如同Francis Bacon在1626年对提升全民道德水平发表的评论：“它是一个很大的领域(field)，需要在其自身范围内探讨和解决。”相比而言，景观研究更是一个庞大的领域[1]。大多数学者意识到这一点，他们不认可闭门造车式的研究，主张景观的研究范围应该包含所有包含在一起的户外事物（除了茫茫大海和极地荒原），甚至宣称一种主观定义的、有弹性的范围作为自己的研究领域。

少数学者致力于从单一视角对景观展开研究，他们必须不停地解释自身的研究范畴，这通常需要使用一些符合景观爱好者习惯的语言，包括孩子、伴侣、警官（他们每天在路上行走，永远用怀疑的目光观察四周，但态度十分友好而且有求必应；他们是专业的观察者，关注路旁的景观）在内。系主任和校长质疑研究景观是为出去旅游而编造的借口，因此学者们需要寻找各种出去调研的支撑材料或者潜在渠道，也许是为了在凹凸不平的土路上艰难行车，离开城市去寻找一段充实的、有启发性的乐趣；或者到教室、图书馆和手机信号覆盖范围以外的地方去进行真正意义上的冒险，不停地探寻其他人觉得不足为奇的地方；或者干脆编造一个能够去海滩进行实地考察的理由。无论在申请表上反复填写多少次，院长和大学校长还是经常会问：景观研究到底意味着什么?

它意味着关注各种已经建成的形态并且研究这些对象的历史、现状和未来。人们通常不会选择居住在高度密集的区域，因为在拥挤的城市中心，自然地形、场地地貌（主要是植物）和自然系统几乎不见踪迹，有时仅仅为了美观而采取与自然防风林带截然不同的种植方式，或者被人工构筑所掩埋（类似排水沟）或者涵洞。

大学领导对此存有主观偏见。他们质疑景观研究不符合已知学科的框架，特别是地理学。然而景观不只是地形，当然更不是单纯的画图。景观研究是一门科学，融合了先期的视觉观察和后续的资料研究，但那些整天忙着行使行政权力而无暇悠闲漫步的院长和校长们显然无法理解。

但是“landscape”误导了他们。通常他们将其理解为艺术史中的

---

[1] Bacon, *Sylva Sylvarum*, §228.

形容词，形容符合大多数知识分子偏好的一种绘画题材。其他场合下，他们又会认为“landscape”是一个形容词，形容的是一种被创造的户外空间，多数时候符合大众的审美取向，特别是那些在今天仍愿意为18～19世纪的英国贵族阶级风景园或者公园而掏钱的纳税者们。但作为一个名词，“landscape”并不被大众了解。

这与那些致力于搞清楚什么是“景观研究”的学者们的想法相背，直到19世纪，“landscape”这个词才因为德国地理学家以国家建造政策的名义改变了“landschaft”的意思而最终形成[1]。

在现代一大堆质量低下的英德字典中，“landscape”被翻译成“landschaft”。如果我们有足够的时间去整理语言学家和词典编纂者将词语在法语、西班牙语、荷兰语、丹麦语、英语、德语和其他语言（主要是德语）之间交叉互译从而产生“landscape”这个词语的过程，会发现他们所使用的方法具有很大的学术价值。19世纪中期至今，欧洲和美洲的学术圈中“landscape”的专业概念一直被“landschaft”这个词占据，但巧妙之处在于，这一点并不影响农民、水手、工程师、艺术家、贵族、徒步旅行者和其他直接参与景观创造和使用的人了解景观本身的内涵。

19世纪德国的霸权主义和制图行业改变了“landscape”在学界的含义，使其超越了艺术史和风景园林的范畴[2]。在现在的德国西北部产生了一种用法，德国地理学家们将其命名为“kaiser”，使用的正是完成了领土征服伟业的凯撒大帝的名字。德国制图人员，包括同时期欧洲、大不列颠和北美洲的主流制图师们都曾努力促成这一改变。两场战争将德国上下的注意力集中到了石勒苏益格（Schleswig）和荷尔斯泰因（Holstein）地区，但是今天的知识分子对此毫无兴趣，包括那些非常关注两次世界大战起源的战争爱好者。第一次石勒苏益格战争［First Schleswig War （1848～1851）］在丹麦和当时迅速崛起的德

[1] See, for example, Weber, *Handwörterbuch der deutschen Sprache*(1892), under “landschaft,” and Weigand, *Deutsches Wörterbuch*(1910), under “land.” Weigand does not mention “landschaft.”

[2] One dense, alternative view of German thinking can be found in *Deutsche Landschaft*, edited by Helmut J. Schneider: it rarely mentions geographers.

国之间展开，焦点是两块本来由丹麦（一个以德语人口为主的国家）控制的领地归属问题。1864年又爆发了第二次战争，起因是这两块领土的控制权。战争持续了约9个月，期间不仅展示了铁路运输在现代战争中的优势，还展示了德国军队强大的威力。战争结束时，大量使用丹麦语的民众发现自己已经成为了德国人。语言，也许是更常用的口语上的差异很快使得德国的统治阶级和知识分子不悦，语言上的不统一甚至给英国和美国奶业主产区造成了困扰。以荷尔斯泰因这个地名命名的奶牛品种不仅可以指历史上的丹德战争，还可以表示一些更深层次的问题，这些问题在很多美国人被问起时都能意识到。

某种程度上来说，荷尔斯泰因牛似乎应该归荷兰。但是不同于娟姗牛（Jersey Cattle，一种原产于英吉利海峡南端娟姗岛的乳用牛品种），这个诺曼群岛的农业品种在现代英美两国的用法跟教室课本上所说的内容并不相同，草场上散养的荷尔斯泰因牛背后隐藏着一段漫长且未被公开的历史。儿童书本上描绘的奶牛几乎都是荷尔斯泰因品种，它们黑白相间、性情温顺、反应迟钝。这个品种的起源可以追溯到公元前100年，当时无家可归的人们带着他们的黑牛从现在的黑森州（Hesse）向西迁徙，遇上了饲养白牛的弗里西亚人，经过起初的相互摩擦之后，他们开始共同培育一种对草地适应性很强的奶肉高产型品种。这个品种（和培育品种的人）能够蓬勃发展的部分原因是弗里西亚人温和的性格，他们不断向罗马帝国以及后来的统治者们进贡牛马和兽皮。屈服导致弗里西亚从荷兰南部到德国埃姆斯河（Ems）流域附近的属地北部一带开始分裂，最终将古弗里西亚国分成了东西两部分。其中西弗里西亚语不断影响英语，特别是北海沿岸地区的口语，而东弗里西亚语越来越德语化（特别在发音上）。1864年以后，德国首先宣示了对石勒苏益格与荷尔斯泰因地区的主权，同时也开始和很少关注现代德语的东弗里西亚人打交道，随即德国境内的丹麦人突然开始大规模德国化。这些事件发生的时间非常精确。

很快德国地理学家和制图师们对这块占据的领土进行了重新设计和绘制。由于全世界大部分地区都使用德国制作的地图（被翻译成不同的语言），这种设计（或者可视化方式）和绘图方法开始成为全球趋势[1]。实际上，德国地图册在当时成为了标准地图，是用来解决地图绘制方面争议的最高权威[2]。

地图本身引起了“field”的另一个意思：描绘各种内容的表层。军装外侧的底纹上绣有表明军衔的徽章，所以徽章对军衔来说是一层底纹（field），但是对军装来说这也是一层外壳（shield）。直到最近，绘图师们才开始将地图视为观念和权力的“底纹”，地图上所反映的各个方面都深受文化权威的影响[3]。

德国绘图师从相关的综合参考资料中吸取素材。Hanns Bächtold-Stäubli 所著长达十卷的 *Handwörterbuch des deutschen Aberglaubens*（1927～1942）目前依然是欧洲和英国有关民间信仰的最具话语权的著作，其中涵盖了丰富的有关景观和建筑的民俗传说[4]，它目前还未被翻译成英语。地图、地图册和相关的工具书重塑了新德国的国家观念和对牧场的认知，一提起牧场人们就会想起上面遍布着让弗里西亚名扬四海的奶牛。虽然现在的美国农场书更加视觉化，但是这些意象也继续发挥着相同的作用。

这段在领土占据和文化转变上卓有成效的历史强化了“landschaft”的意思，突出了“land”表示小型政治单元这个传统的词意，于是“landschaft”表示的是以政治身份和地表形态进行划分的最基本的国家行政管理单位[5]。想将这个空泛的德国词意翻译成英语几乎不可能，但在 1939 年 Richard Hartshorne 进行了尝试，最后得出结论，

[1] Most mariners used British Admiralty charts, one way Britain ruled the seas.

[2] *Meyers geographischer Hand-Atlas*（1905）demonstrates the remapping well.

[3] Wood and Fels provide a superb view of maps as fields of concepts in *The Natures of Maps*, esp. 6-17. See also Black, *Maps and History: Constructing Images of the Past*. Recently, for example, the United States federal government changed the name of the Persian Gulf to the **Arabian Gulf**.

[4] On house-building, for example, see Bächtold-Stäubli, *Handwörterbuch*, 1557-1567.

[5] See the definitions of “land,” “landschaft,” and related words（especially **landkarte** [on mapping]）in *Der Grosse Brockhaus*, 11, 65-112, for a succinct overview of early 1930s German viewpoints, and Breul, *Heath's German and English Dictionary*（1906）, under “landschaft,” for an example of the political basis of the term. The *Chambers Dictionary of Etymology* hints at issues the *OED* ignores: see under “landscape.” See also Heinsius, *Nederlandsche taal*, under **landschop**.

美国和英联邦的地理学家们可以大致将这个概念理解为“region”的同义词[1]。他在 *The Nature of Geography: A Critical Survey of Current Thought in the Light of the Past* 一书中特别提到，就像大部分英国人在说话时会含糊地提到“landscape”一样，大多数德国人使用“landschaft”时主要指地表上的自然景色，大部分时候也包括“强加”于地表之上的建筑物，以及原生或特定形态的土地意象。但是Hartshorne同时强调，近一个世纪以来德国地理学家也会用来表示地面上一切可被观赏的事物。Hartshorne几乎出于本能地了解德国地理学家的聚焦能力，他们一步步将视野聚焦到随时变换位置的可移动对象（例如靠港的货船、穿越农田的火车和行走的路人）和感官所激发的巨大力量上。他一针见血地提出，德国地理学家已经开始将地区语言定义为本土景观的个性标志之一。到20世纪30年代末，大多数善于思考的人开始意识到地方语言危机的迫在眉睫，例如类似阿尔萨斯—洛林（Alsace-Lorraine，法国东北部的地区，归属曾经在德国和法国之间反复变更）地区，并且关注由纳粹提出的“lebensraum（生存空间）”如何影响捷克斯洛伐克、乌克兰和其他国土以外可控制的领土上的德语使用者[2]。Hartshorne希望说英语的地理学家从自身的学科角度来诠释“landscape”一词，或多或少像德国地理学家一样去定义它，在国际会议上呈现他们的思考与见解，从而长期规范受教育人群使用这个词的方式。然而这个专有名词却一直遭到误用，尤其是被美国地理学家不严谨地使用，他认为一种新的概念可能更适合所有的地理学家来交流。这个概念必须紧紧围绕“surface”（德国地理学家称之为土地的画报，是一个涉及构形和构象的复杂概念）这层意思，并且突出“一个区域的某些独特和真实的面貌”，也就是所谓的“特征”。但是他所提的区域是一个笼统的概念，由于他说得含糊不清，这个表述仅仅加强了德国地理学家们的话语权而已。尽管如此，Hartshorne还是提倡拟定一个新的专有名词，事实上他更偏爱“region

[1] Given contemporaneous connotations of “region,” at least in the United States, his effort seems futile in retrospect.

[2] Olwig, “Rediscovering the Substantive Nature of Landscape” is especially acute.

（地区）”这个词[1]。

英文词典编纂者深知一段遥远的历史，是在19世纪中叶以后由德国地理学家挖掘出来的。早在1516年，“landgrave”开始出现在英文中，指的是德国境内有领土管辖权的伯爵，他的属地又可以划分成几块，分别由低等级的伯爵来管理。

16世纪50年代中期，英国人在写作中开始大量使用“margrave”一词，起初是指德国边境地区的军事长官，后来了解到沿海的低地国家（指荷兰、比利时、卢森堡三国）也有这样的岗位设置，Richard Grafton在他1568年的作品*Chronicle at Large and Meere History of the Affayres of Englande*中写道：“All such Rulers of townes or countries as are nere the sea, are called Mergraue, as at this day in Andwarpe（所有这些城镇或者国家的统治者都住在沿海地区，他们被叫作‘margrave’，正如今天在Andwarpe地区的叫法一样）[2]。”

但是随着小小的军事长官升级成为沿海据点的管理者，他们常常通过施行严酷的高压政策来保证损毁的大坝能够得到修复，这种做法被英国游客和作家视为典型的外国作风。他们不像约克郡和林肯郡那些由农户选举产生的地方长官，多采用亲民的执政手段。在英国东部，“grave（长官）”可能源于古挪威语（词典编纂者对此一无所知），但是在1610年左右被弃用了，因为它没有表达出“graf”这个词在德语中的意思：伯爵。在德国西北和北弗里西亚（德国官方和地图称为东弗里西亚）地区，特别是征服而来的属地，一种被称为“deichgrafen”的小型贵族在巨大的风暴中练就了一种非凡的技术，可以很好地维持海防堤坝的运转。除了凯撒大帝和普鲁士式的（指训练严酷的、军国主义的、妄自尊大的）中央集权，deichgrafen的力量还来自于权力意识上的转变，在堤坝面临破圩的情况时，一定要有能担起责任的人去维护，而不是被强权压迫的平民。在东弗里西亚地区和下属领地，当身处风暴中面对大海的洪荒之力时，勇气已不是最为可靠的武器，取

[1] Hartshorne, *Nature of Geography*, 149-153, 159-160, 163-165.
[2] Grafton, *Chronicle*, 2: 84.

而代之的是新的政治秩序。

英国人完全不接受伯爵集权的政治准则。英国本地的乡绅通过摸爬滚打才能够混入贵族阶层，但是他依然无法在管辖范围内称王。1939年，当Hartshorne写道，“graf”在英美两国已经成为一个日常用词，贵族活跃在社会生活的各个方面，例如发明了巨型飞艇的齐柏林伯爵（Graf von Zeppelin）。那时候一些不具有政治主权的属地仍然必须接受长达80年的军事管辖和强制的语言变更，大多数敏锐的英国人和美国人发现了这段黑暗的历史[1]。

第二次世界大战终止了以Hartshorne为代表的地理学家们争夺景观研究话语权的努力[2]。从1945年开始，地理学家只取得了很小一部分可以划入景观领域的成果。它是一个多变的词，但是很少有学者真正了解它的准确含义：在任何需要的时候，使大学领导内心的疑问得到准确合适的解答。

第一次世界大战使越来越多维多利亚时期和爱德华时期遗留下来的无固定工作、游手好闲的工人们开始接触景观。休战后紧接着几年，成千上万的退伍老兵需要缓解战争的伤痛，他们常常在女友和妻子的陪伴下，沿着英国的步行道路享受户外环境，惊叹于他们以前从未发现的东西。和许多其他劳动者一样，他们用这种自然且充满愉悦的方式开始解除景观。

早在Hartshorne尝试编纂词汇和学术门类的10多年前，Donald Maxwell像平常一样收拾好出门，一只包里塞着速写本和罗盘，另一只装着望远镜，漫步在肯特郡（Kent）的海岸，希望在午餐时间找到一家酒吧。他的珍贵作品*A Detective in Kent: Landscape Clues to the Discovery of Lost Seas*仿佛地标一样竖立在迷茫的景观研究征途上。Maxwell认为要像警察推理断案那样细致地观察景观，分析其独特的

[1] Manguel, *A Reader on Reading*, notes the difficulties of translating into English the several German words denoting value. “Landscape” perhaps follows a similar pattern: see 254-263.

[2] See Olwig, “Recovering the Substantive Nature of Landscape”; Austin, “The Castle and the Landscape”; Coones, “One Landscape or Many?” and Muir, “Conceptualizing Landscape.”

构成要素，尤其那些看似不重要的要素，很有可能它们恰恰是理清历史脉络的关键线索。他坚信实地观察有可能推翻现有的学术观点，为此他在前言中写道：“这些线索对于景观线索的观察和收集有巨大的价值，但是由这些线索得出的推断必须经得起相关学科的审视和检验，包括历史、语源、建筑、农业或者有关当地环境的知识。”在后面的章节，他先总结了有关罗姆尼沼泽（Romney Marsh）首次开发的学术争议，然后提出了一个围绕全书的问题并借用警察断案做了类比性的回答。“在当下，如果政府反对，我们警察该如何行动？只有一种正确的回应，就是再次检查证据，看看我们是否能够找到证据指明是谁修建了Rhee Wall（历史上穿越罗姆尼沼泽的人工运河），并寻找一个充分的动机来解释这一历史工程的由来。”根据第一手掌握的有关近岸小型帆船的航行知识和罗马人所建造的港口遗址上完成的考古工作，他发现是罗马的军事工程师首先建造了部分墙体，其余的部分是在之后的很长时间内慢慢被建成的。在大沼泽完成筑堤和局部排水之前，围湖造地的大船面临危险的暗礁，于是用来做标记的墙壁可能是Rhee Wall最早的雏形。Maxwell想象罗马人所画的地图可能和现代的海军地图相似，都标记出了礁岸，并且他怀疑“接近利德镇（Lydd）的沼泽西缘就是今天的West Rype这个重大发现”的准确性[1]。他的这本充满插图和地图（地图是用来表达作者通过推断得出的猜想）的作品强调了专业的、深入现场的和持续的观察以及有关地名和在地词汇的思考。

像J. R. R. Tolkien和其他沉迷于战后历史的学者一样，Maxwell陶醉于语源学，特别是跟英国地名协会工作挂钩的地名语源。罗瑟河（River Rother）有两处已经消失的河口，其中一处从阿普尔多尔（Appledore）一直延伸到海斯（Hythe）。在寻找它们的过程中，Maxwell把他所熟悉的河口泥沙运动和筑堤活动应用在地名上。他对手画的草图进行了解释：“我们必须注意到这里明显的区别，所以紧接着就能看到‘y’或者‘ey’表示岛屿，‘hithe’则表示码头或者船只停

[1] Maxwell, *Detective in Kent*, 114.

靠的栈桥”。所以我们可以了解为什么“奥克斯尼岛（Oxney）离海最近的一处大约有6英里的距离，而海斯西岸则只有一里半”，同时奥克斯尼岛的地势比它周边的填海地平要高。以黏土为主要成分的河泥不停地运动，在河口地区形成了沼泽岛，驾驶小船的水手很容易发现它们，特别是在搁浅以后。“在古代英语中，表示沼泽的单词是‘rui-mne’（可能和room发音相同）。而如果我们加上‘y’或者‘ey’，最后便得到了‘ruimney’和‘Romney’，表示沼泽岛。”在脚注中，Maxwell并不否认其他对于湿地名称的解释，但是这些解释无论是从语源学的角度还是从历史文献的相关性上都不能精确地与景观相对应[1]。此外，语源学家们一致认为“rhee”（也可能是“rhe”或“rhin”）的词源表示迅速的或者敏捷的，一般用来形容流动的物体。在这里无疑是表示河口的水流，而且他们坚信Rhee Wall的第一部分始建于罗马时期，之后才开始在低洼的海岸土地上进行筑堤和排水——这个被Maxwell称为围垦（inning）的一系列活动。在改造的沼泽地深处，他发现了很多农场工人，通过他们知道了很多官方地图上无法找到的地点，以及带有地方特色的词语读音。

“沼泽深处的居民仍然采用拖长‘I’的发音方式，将‘Dymchurch’读作‘Dime-church’，”Maxwell沿着堤岸一边数着步数一边若有所思地写道：“法国诺曼货币采用的十进制计量方式，后来演变成为什一税（教区内的农民以年产量的十分之一缴纳教会的税）。”随处可见的坡屋顶和三角形山墙时时提醒着这里的居民是由16世纪中期信仰新教的荷兰难民迁移而来，他们擅长编织，同样也擅长围海造地，Maxwell将其称为圩田。他的书就像一本当代刑侦悬疑小说，沿着不规则的路径，在开篇先提出假设，而后反复探索，在档案馆和图书馆里寻找信息，“通过对景观细致入微的观察给出致命的审判”，最后嘲笑那些忽略细节和看似不重要的景观特征的空间历史。他说道：“那些我本以为你根本无法发现的深刻景观，如果你有机会见到，不要把它当作一处沼泽或者一条沟渠，而要当作一条海岸。”

[1] Maxwell, *Detective in Kent*, 135.

你需要做的，是像我一样善于在漫步中思考，再加那么一点点运气。"清晨阳光从细小的柳叶缝中穿过，洒落在水面上，这里看起来比以往任何时候都更像一片大海"，他说要去寻找传说中的"a green ghost of other days"，一个为了停靠罗马舰艇而修建的小码头，这些舰艇从消失的Wantsum河上驶来，随时准备在帝国的边缘卸货[1]。

*A Detective in Kent*颠覆了20世纪早期学术研究专业分化程度不断加深的局面。"因此我们所需要的景观研究人员不是具备某一学科高精尖知识的专才，而是很多学科都有所涉猎的全才，"Maxwell在开始他的第一个调研时说道。他认为："一个完美的景观研究人员应该是一个无所不知的超人，不仅要具有语言学家、历史学家、水手、工程师、建筑师和军事家的专业眼光，还要有宗教学、地理学和园艺学方面的造诣。另外他还必须具有幽默感、基本的常识与判断、敏锐的观察力和对人性的理解。"Maxwell在1929年的这本作品突显了他作为景观学者的素养、视野和通识才能，调动了后辈研究者的积极性[2]。

同一年，Vaughn Cornish解释了英国风景美学的基本规则和英国景观摄影的最佳方法。1932年他出版了作品*The Scenery of England: A Study of Harmonious Grouping in Townand Country*，仅仅三年后又发表了*Scenery and the Sense of Sight*。他在书里解释了为什么这么多英国人如此重视更大尺度下的景观要素，为什么这么多游客，特别是美国人千里迢迢前来欣赏、描绘和拍照留念。Julian Tennyson在1939年发表的*Suffolk Scene: A Book of Description and Adventure*中详细说明了为什么Constable要在作品中描绘那些在今天仍旧让英国人感到满足和愉悦的风景[3]。这本书和书中所蕴含的思想在二战时非常重要，它们解释了是什么让英国人不屈斗争。如Cornish在1943年的*The Beauties of Scenery: A Geographical Survey*中恰到好处的暗示，英国的大地风景是

[1] Maxwell, *Detective in Kent*, 54.

[2] Ibid., 108-109. For other inquiries influenced by Maxwell, see for example Rippon, "Focus or Frontier?"; Parker, "Maritime Landscapes"; and Murphy, "Submerged Prehistoric Landscapes."

[3] Tennyson understood harmony: see *Suffolk Scene*, esp. 4-5. He died in World War II. See also Carter, *Forgotten Ports*.

这个国家自由精神的核心构成要素。这一时期，乡村保护运动和步道保护运动演变成为一股重要的政治力量，很大程度上影响了后来Prince Charles于2010年发表的作品*Harmony: A New Way of Looking at Our World*。书中随处可见有关步行尺度、农业用地和水体（海域或者河湖水系）的开放观点：所有构成英国自然风景美学的要素，Charles都拿过来作为反对现代主义建筑的力证，并将其视为可持续、环境友好和未来主义设计的检验指标。如他所料，他的书刺激到了很多建筑师和城市设计师，但是也吸引了很多财力雄厚的房地产开发商，他们开始关注那些贯穿在瑜伽练习中的哲学思想和21世纪其他的文化产物。

20世纪30年代，军事航拍影像也对景观研究产生了影响。为了军事侦察演练而拍摄的英国上空航拍图揭示了地表下的地质结构。尽管在地面上无法看到，但这些覆盖层是真实存在的。考古学家们由此开始了初步的勘探，随后便不断有发现。然而，战争结束后不久，战场上总结的经验和航空影像开始影响一部分学者的工作。想要搞清楚山的另一边可能隐藏着什么（特别是在情报服务或者截获的敌方地图没有提供什么有用信息的情况下）常常需要冒极大的风险，甚至要面对生存、死亡或者灾难。在随后的和平年代，依靠战争时常用的一些方法和航空影像，一部分年轻学者大大提高了工作效率。

英国的W. G. Hoskins（1908～1992）和Maurice Beresford（1920～2005）向同行学者和受教育的普通大众解释了景观研究的价值，他们两位都是著作等身的学者。Beresford在1951发表的*Lost Villages of Yorkshire*强调了农田底下被人们所遗忘的复杂结构，并从这部作品开始，连续发表了一系列的书著，包括1990年的*Wharram Percy: Deserted Medieval Village*。Hoskins研究的范围更大，他发表于1955年的*The Making of the English Landscape*从整个国土的角度对类似的复杂结构进行了解释，该理论在后来BBC电视台的系列节目和后续的书中都有所涉及，特别是1966年出版的*Old Devon*[1]。这些作品取得了令许

[1] On the television series, see Taylor, "*The Making of the English Landscape* and Beyond."

多领域学者肃然起敬的发现，他们强调了一双好鞋和美味的三明治（户外调研必备）的重要性。Richard Muir 在 2001 年的 *Landscape Detective: Discovering a Countryside* 中强调他们两位对于英国景观学界所作出的卓越贡献。

美国，一位名叫 John Brinckerhoff Jackson 的战时敌后情报上校在退伍后返回了新墨西哥州的家，他经营牧场的同时创办了 *Landscape* 学术杂志，该杂志创办之初主要关注美国西南和墨西哥北部地区。他在 1972 年出版了 *American Space: The Centennial Years, 1865～1876* 一书，在书中他提出了能够迎合哈佛大学和加利福尼亚那些喜爱冒险的管理者的观点：长期仔细地关注景观总能发现被大多数学者所忽视的问题。在后来的书里，他切换了视角开始关注他口中的“在地景观”，这不同于建筑和景观历史学者所追捧的高楼大厦或气势恢宏的园林，而是一种由特定人群，在特点时间创造和使用的景观。Jackson 是一位徒步爱好者，但也常常骑摩托车，因为相比英国和欧洲，美国的自然景观更加辽阔，因此汽车或者类似的交通工具必不可少[1]。

尽管不时会收到来自远方的明信片，院长们还是对需要长期实地考察的万金油学科持怀疑态度 。在上述这些学者奠定景观行业历史地位的同时，更多的学者开始涉及这个学科的范畴。艺术史学者在研究画作之前常常会从探讨景观开始，例如 Kenneth Clark 的 *Landscape into Art*（1949）、Wolfgang Stechow 的 *Dutch Landscape Painting of the Seventeenth Century*（1980）、Louis Hawes 的 *Presences of Nature: British Landscape 1780～1830*（1982）、Christopher Brown 的 *Dutch Landscape: The Early Years, Haarlem and Amsterdam,1590～1650*（1986）以及 Susan McGowan 与 Amelia F. Miller 的 *Family and Landscape: Deerfield Homelots from 1671*（1996）；也有学者研究景观的理论性和文学性， Chris Fitter 的 *Poetry, Space, Landscape: Toward a New Theory*（1995）和 Melanie L. Simo 的 *Literature of Place: Dwelling on the Land before Earth Day 1970*（2005）这两部作品是其中的杰出代表。Robert

[1] On Jackson's understanding of time, see especially his *A Sense of Place, a Sense of Time*.

J. Mayhew 在他的 *Landscape, Literature, and English Religious Culture, 1660～1800: Samuel Johnson and the Languages of Natural Description* 中强调了宗教对景观认知产生的巨大影响。Yi-Fu Tuan 选择另辟蹊径，在 *Topophilia: A Study of Environmental Perception, Attitudes, and Values*（1974）、*Landscapes of Fear*（1979）和其他的书著中，分析了人们设想和评价景观的方法。William Cronon 在 *Changesin the Land: Indians, Colonists, and the Ecology of New England*（1983）中融入了生态学的研究路径，另外有四本书揭示了景观营造过程中的政治力量，分别是 David Blackbourn 2006 年的 *The Conquest of Nature: Water, Landscape, and the Making of Modern Germany*、Joanna Guldi 2012 年的 *Roads to Power: Britain Invents the Infrastructure State*、Christopher L. Pastore 2014 年的 *Between Land and Sea: The Atlantic Coast and the Transformation of New England* 和 Anthony Acciavatti 2015 年的 *Ganges Water Machine: Designing New India's Ancient River*。但是最终，这个领域还是由少数忘我投入的学者来坚守，那些愿意在专业上兢兢业业、不甘平庸、充满热情、善于思考和敢于挑战学术权威的人。

任何领域和学科都有派系争斗，包括学术带头人以及各种报告和理论，也会和其他学科产生碰撞。可能是由于为数不多的从业学者各自进行着自身的研究，景观研究并没有被官僚主义按在板凳上磨灭激情。这些学者跟大多人一样，自发地行动，无畏灾难和迷航，在当地人面前也是一脸茫然，不过他们选择按部就班地前行，不停观察、搜集和思考，然后尝试着去了解那些突然出现的事物。

其实任何人都可以做到，只要坚持不懈地努力。

It is situated in grass land over two miles from the sea. It stands on the spot of our first imaginary island *and the name of the farm is Belle Isle.*

在*A Detective in Kent*（1929）中，Donald Maxwell鼓励读者走到户外，在思考中散步并观察身边的细节，探寻隐含在古老地名和其他概念中的意义，并顺便进行一顿美味的午餐。

Chapter 9

9 出发

今天，景观是指原始自然、农业生产以及人工结构（如果结构化是指充满建筑物的城市）等多种元素的融合体，其中自然是其最主要的推动力，并且一直处在变化当中。在许多美国人心目中，“景观”这个概念是指从人工形式中剥离出来（指通过容器种植树木和植物进行装饰的空间和构筑物，雨水往往无法渗透，通过机械持续不断地对场地进行温度、光线的控制和调节）的事物，即一种除了城镇景观，特别是城市景观以外的景观形式。

“根据反复的观察可以证实：景观的概念就是一种城市结构，那些居住在城市范围以外的人难以区分未经雕琢的自然和人为改造的环境。” Alberto Manguel 在他的著作 *City of Words* 中这样定义[1]。Manguel居住在法国一栋建于16世纪并且拥有高达30000多本藏书的乡村小屋里，他认为景观本身深刻影响了文化研究，特别是文学研究。这种影响使读者反复阅读Kenneth Grahame的作品 *The Wind in the Willows*。景观对于Manguel来说意义非凡，在他居住的地方，几乎很少有陌生人或非原住民。他的居住地与城市毫无关联，没有所谓的城

[1] Manguel, *City of Words*, 76.

市景观，更没有城市中随处可见的符号、标志物或者图示。对很多受过高等教育的人们，尤其是大多数城市白领来说，他的确生活在城市以外的区域。但他丝毫没有感觉到任何不便，甚至在天黑后，他所居住的地方、他所拥有的景观都是让人愉悦的，这里既充满活力也有一种自在安宁的氛围。他很可能住在缅因州（Maine），这个州的车牌上写着“美国最东北部的度假胜地”。在那里，我们需要走出去，不仅要远离那些很少被明确定义且似是而非的事物，而且要好好地放松和恢复身心，最好的选择就是到海边去。

在众多关于沿海的绘画，特别是那些描绘低洼而宽阔的沙滩海岸作品中，无一例外地都展示出了海岸平静的力量这一重要的特征。在沙滩上，人们尽情放松、舒展身体以保持舒服而自然的状态。Anne Morrow Lindbergh在她的著作*Gift from the Sea*中试图对此进行细致的展现，但遗憾的是很少有人读过这本书。她在书中写到自己要尽可能敞开怀抱，才能达到物我相融的状态，但女性化的用语使那些决心阅读该书的男性难以接受。在海滩上人们能够发现景观的本质，如果足够敏锐和努力的话，除了喝酒和就餐以外，他们还能够发现各种应接不暇的意象。

但一些特定的人群很难察觉到这些迹象。城市几乎完全是符号化的。对于一个有文化修养的都市人来说，在一次偶然的散步过程中将遇到的所有符号都解读出来几乎是不可能的。在某种程度上，Manguel近乎肯定而不加掩饰地认为：城市就是由各种文字组成，其中大多是广告。为了在城市中生存，典型的都市人学会了忽略几乎所有的符号，如同忽略所有的环境噪声和对话一样；而受过教育的人则会忽略更多[1]。

在海滩上，语言的重要性不尽相同，特别是对于穿着比基尼泳装或以其他近乎全裸的方式在沙滩上漫步、放松或者四处观望的人来说，此时电子设备和娱乐设施都暂时被丢到一边。沙滩上几乎没有典型的景观，一望无际的海水里没有，被浪潮拍击的海岸上没有，只有

[1] Milgram, “Experience of Living in Cities,” esp. 1464-1466, proves a useful caution.

偶尔在沙滩的陆地边缘以内才会出现吸引人的符号。因此，不带手机在海滩上漫步（当然也没有老旧繁复的词典和这本小书），会不知不觉地使人们想去探究土地、景观的边界以及风景名称的由来。

1920年，*Landscape Architecture*杂志发表了景观设计巨匠Frederick Law Olmsted（1822～1903）生前尚未完成的一部分书稿。在他生命接近尾声的时候，这位创造了纽约中央公园以及众多影响力持久的作品并不断展现设计天分的景观设计师，开始用笔记录自己对于景观的思考。"那些古老陈旧的景观词汇和术语"介绍了他在内战前跃马扬鞭、横跨美国南部的事迹。这段叙述中的用词非常重要，文稿片段中罗列了宽广的平地河谷、河岸沙洲、河源谷地、滩涂码头、田埂、山顶、磨房、蜂巢、黑雁、瀑布和包括家宅、庭院和村舍在内的其他意象。Olmsted指出，西进运动的先锋们"已经从旧时西班牙和法国的先锋身上继承了很多词汇"。他一针见血地指出，在即将到来的20世纪，探知这些词汇的丰富性非常重要，因为"cottage"一词可能会被用来表示一座壮观的海景房[1]。作为行业内最擅长处理感官和空间的设计师，他很看重这些词汇，其重要性一点也不亚于任何他所看到的、设想的和实际建造的作品。

在1806年版的*Compendious Dictionary of the English Language*词典中，Noah Webster将"swosh"定义为"狭窄的或浅的通道"，并开门见山地指出，"通常出现在卡罗来纳州（Carolina）"。在1828年出版的*American Dictionary of the English Language*中，也就是确立了他作为美式英语奠基人身份的那本字典中，Webster删除了"swosh"一词，取而代之的是"swash"，其含义是"咆哮的噪声"，这个解释使其显得庸俗。另外这本词典还提供了一个没有词源说明的含义："湍急水流的冲刷。在美国南部各州，'swash'或'swosh'是用来命名沙洲或沙洲与岸线之间形成的狭窄水流的词语，这种情形在卡罗来纳州的海岸十分常见。"*American Dictionary*中没有对"swish"作出解释，同样也没有提及"susurrus"。没有人知道为什么*Century Dictionary*在解

[1] Olmsted, "Disuse of Older Landscape Words," 15-16.

释“swash”时会提到成片的红树林。但在陆地的边缘，背对着那些既不是土地也没有景观的大海时，景观的本质便出现在人们面前，并且向内陆延伸。但愿景观温和地延伸，也许翻越一座平静的海堤，也许被记录在像Richardson的*New Dictionary of the English Language*一类将景观定义为海岸的老词典里，也许出现在最后几页的参考书目里。

如同大海总是自言自语一样（或是轰然一声，或是激烈的冲击声），专注于探求景观本质的爱好者们能够发现，景观同样也会发出喃喃的私语，这些私语通常使用的是一些古老陈旧的词句或者方言，甚至有时候说出来的词在新兴词典里都找不到。在与潮水相连接的土地上，人们塑造景观的行为总是能产生最丰富的词汇，但在最后或接近尾声的时候，景观的本质和概念传达出的只是一个简单的事实。

景观是脆弱的。如今气候不断变化并引发一些灾害，如同中世纪时英国的Dunwich被海水淹没一样。假如你留意过这些，你就会知道沙滩上玩耍的孩子们也在学习海水上涨淹没沙堡的自然知识。在今天，自然的力量依然占据主导，甚至超越了人类所能掌控的范围。

事物在交界地带总是不断冲突和融合。想要将研究景观作为一项终身事业的最好方法就是近距离观察海滩以及沿岸的风景，在码头、堆场甚至道路等不同场地中思考；在陆地上漫步时努力地抓住脑海中闪现的每一个想法；走到桥下面去观察，在黑暗中行走，去探究色彩的意义；去思考当下的飞行意味着什么，而不是沉浸在曾经少年时期的飞行经历中；寻觅午餐并记住食物是从农场中生产出来的，这些产品通常来自需要跨越地区的遥远农场；经常念及家庭并思考其意义。景观就是这样复杂而丰富的存在，想要深入探究最好的方法是不要过于严肃刻板地对待自己的调查。探究景观从表面上看不过是一次次外出散步的理由，但是这些行为通常会带来意想不到的收获。

这本书不是一本实践指南。现在，是时候将书本合上，并放到一边，然后出去走走了。